新\时\代\中\华\传\统\文\化
■ 知识丛书 ■

中华服饰文化

主编◎李燕 罗日明

海豚出版社
DOLPHIN BOOKS
CICG 中国国际传播集团

图书在版编目（CIP）数据

中华服饰文化 / 李燕，罗日明主编 . -- 北京 : 海豚出版社 , 2022.8

（新时代中华传统文化知识丛书）

ISBN 978-7-5110-6003-7

Ⅰ . ①中… Ⅱ . ①李… ②罗… Ⅲ . ①服饰文化—中国 Ⅳ . ① TS941.12

中国版本图书馆 CIP 数据核字（2022）第 096771 号

新时代中华传统文化知识丛书

中华服饰文化

李 燕 罗日明 主编

出 版 人	王 磊
责任编辑	张 镛
封面设计	郑广明
责任印制	于浩杰 蔡 丽
法律顾问	中咨律师事务所 殷斌律师
出 版	海豚出版社
地 址	北京市西城区百万庄大街 24 号
邮 编	100037
电 话	010-68325006（销售） 010-68996147（总编室）
印 刷	北京市兆成印刷有限责任公司
经 销	新华书店及网络书店
开 本	710mm×1000mm 1/16
印 张	9.5
字 数	80 千字
印 数	5000
版 次	2022 年 8 月第 1 版 2022 年 8 月第 1 次印刷
标准书号	ISBN 978-7-5110-6003-7
定 价	39.80 元

序　言

中华传统文化源远流长，绵延不断，经过五千多年的发展才有了现在的辉煌。服饰作为传统文化中的一项，是中华民族外在特质和民族风貌的体现，是中华民族强大生命力和丰富艺术内涵的体现。

中华传统服饰在不同朝代、不同地域、不同民族、不同阶级有不同的表现，形成了自己独特的服饰风格。从秦汉时期的朴实、魏晋南北朝时期的秀美、隋唐五代时期的华贵，到宋代时期的淡雅、明清时期的华丽，各式各样的服饰焕发着无与伦比的魅力。

在全球一体化迅速发展的今天，我们受到了大量外来文化的冲击，服饰风格也越来越偏向西方化。在这个整体大趋势下，如果一直放任这种文化入侵，很有可能导致我们传统的服饰文化消失在世界化的浪潮中。中华传统服饰传承数千年，却在文明发达的现代生活中失去其绝对主导地位，对我们传统文化来说实在是一大损失。为了让我们的服饰文化能够继续发展传承下去，了解和学习中华传统服饰成为当务之急。

但是由于现代社会对于传统服饰宣传和教育的缺失，广大人民群众尤其是青少年对中华传统服饰并不了解，通常只能偶尔在影视作品中看到，对于中华传统服饰的具体内容也只是略懂皮毛，有的人甚至完全不知道。由此，亟须加强对传统服饰文化的教育。为了填补这块内容的空白，激发大家对传统服饰的学习热情，特意策划了本书。

本书按照历史发展的顺序，选取了历朝历代具有代表性的传统服饰，比如深衣、袍服、襦裙、质孙服、凤冠霞帔、长袍马褂、旗袍等，做了简单的介绍。通过通俗易懂的语言，将中华传统服饰的知识介绍给广大读者。

希望通过本书，能够帮助广大读者对中华传统服饰有一定的了解，引发大家更大的学习兴趣，为继承和弘扬中华优秀传统文化打下坚实基础，树立文化自信，带领中华优秀传统文化走向世界！

目 录

第一章　总括

第二章　先秦服饰

第一章

总　括

一、为什么要了解中华传统服饰

中华文化博大精深，源远流长，中华服饰作为其中最外在的体现，是祖先留给我们的瑰宝，对我们后世的服饰文化产生了深远的影响。

服饰作为人类特有的劳动创造，既是物质文明的结晶，又是精神文明的体现。人类社会从蒙昧、野蛮的上古时期，历经数万年发展才逐渐走入文明时代。

我们的祖先从最初的赤身裸体到树叶为衣，在懂得遮身蔽体、御寒保暖之后开始了对美的追求。所谓"衣冠于人，如金装在佛"，中华服饰从起源的那天开始，已经将生活习俗、审美情趣、样式偏好、色彩爱好、社会风尚、等级制度、宗教观念、文化心态等内容全部融入其中，构成了中华传统服饰文化的精神内涵。

随着历史发展，中华传统服饰被赋予了更多的含义。

中华传统服饰不仅蔽体御寒，还是身份地位的象征。在等级制度森严的中国古代，统治阶级为了巩固自身地位，将服饰的功能重点放在了彰显地位上，使其成为一种明尊卑、别贵贱的工具。在不同的朝代，皇帝后妃、文武群臣、士庶百姓等不同身份地位的人，服饰的颜色、用料、图案、款式等方面都有严格的等级规定，不可越级穿戴。

中华传统服饰寄托了人们美好的愿望。人们在长期的劳动和生产生活中，在不违反服饰制度的前提下，出于对美的追求和对未来生活的期待，自发地创造出了不同的吉祥图案。这些吉祥图案通常采用有美好寓意的动物、植物、人物等组合表达对未来的希望和期许，比如莲花图案代表圣洁美好，竹子图案代表清廉坚韧，寿桃图案代表长寿安康等。

传说中的嫘祖制衣示意图

由此我们不难看出，中华传统服饰文化是中华民族经过上下五千年共同创造的优秀文化，也是人类社会共同创造的宝贵财富。在新时代的今天，它对于构建和谐社会、

传承优良传统、不断提高人民的物质生活和精神生活水平
尤为重要。

　　为了弘扬中华传统服饰文化，我们有必要努力传承中华文化基因，将中国人独有的审美风范代代相传。

二、中华传统服饰的特点

中国自古以来就有"衣冠上国""礼仪之邦""锦绣中华"的美誉，中华传统服饰不仅是我们的国粹，更是中华民族乃至人类社会的宝藏。你知道中华传统服饰有哪些特点吗？下面就让我们一起来看一看吧！

中华文明上下五千年，不同历史时期、社会背景、文化经济状况成就了各不相同的传统服装，在形制、外形、结构、色彩、图案、面料等方面具有鲜明的民族特性。

第一，从形制上看，中国传统服装有两个基本形制，一种是上衣下裳制，另一种是衣裳连属制。

上衣下裳是中国最早的衣裳制度的基本形式。上衣下裳根据《释名·释衣服》的解释就是："凡服，上曰衣。衣，依也，人所依以芘（bì）寒暑也。下曰裳。裳，障也，所以自障蔽也。"上衣是用来御寒避暑的，形制大多数是交领右衽；而下裳是用来遮挡自己身体的，最初是两块布遮挡前后，然后用腰带系住。这种上衣下裳的形制对我们后世服饰的演变发展影响很大。

衣裳连属最早出现的代表服饰就是深衣。《礼记·深衣》汉代郑玄注称："名曰深衣者，谓连衣裳而纯之以采也。"深衣和现代的连衣裙类似，是将上衣和下裳在腰的位置缝合，使之连为一体，常会在领子、袖口等位置利用其他面料刺绣缘边。根据这种衣裳连属的形制，后来还出现了袍衫等。

第二，从外形上看，中华传统服饰相对来说看重纵向设计，强调从衣领的部位开始，服装整体自然下垂，不用夸张修饰肩部，而是使用下垂的线条、长而宽的袖子、筒形的袍身来修饰人的身材，使之看上去四肢修长，男子身材伟岸，女子身材窈窕。

秦代服饰

第三，从结构上看，中华传统服饰使用的是平面的直线裁剪方式，不管是最早的深衣，还是后来逐渐发展出来的袍、衫、襦、裈等，都是由袖底和侧摆相连，只有一条结构线，整件衣服可以平铺开来，结构十分简单。

第四，从色彩上看，中华传统服饰色彩受到阴阳五行影响，有青、红、黑、白、黄五色，这五种颜色被古人视为正色，其他颜色都是间色。在古代，正色被大多数王朝作为上层专用，显示其地位的尊贵。其中黄色代表大地，以农耕为主要工作的古人视它为尊，后来成为帝王专属色。

第五，从图案上看，中华传统服饰图案纹饰种类多样，飞禽走兽、四季花卉、山峦亭阁、几何纹样等数不胜数，不但做工精美，而且内涵丰富，代表着吉祥的祝愿。高超的刺绣技巧配合优质的面料，散发出独属于东方的风韵。

第六，从面料上看，中国最早使用的纺织品是葛布、苎麻布和大麻布，其中苎麻布的原料苎麻是我国特有的植物，被外国人称为"中国草"。后来随着纺织业的发展，中华服饰的面料开始使用丝绸、绫罗等材料。在从印度引进棉花之后，棉也成为中华传统服饰的制作用料之一。

　　总的来说，中华传统服饰充分反映中华民族的审美情趣和文化特性，无论是传统男装的严整修长，还是传统女装的庄重含蓄，都是中华历史文化的沉淀，带着浓郁的中华特色，拥有不同于世界其他服饰的特殊魅力！

三、中华传统服饰的现代复兴与意义

衣食住行是人类生存最基本的物质需求，其中衣被列在首位就足以说明它对于人类生存发展的重要性。中华传统服饰随着岁月变迁和历史沉淀，承载了人们深厚的情感，但是时至今日，对传统服饰的忽视，导致我们很多人对自己民族的服饰知之甚少，因此传统服饰的复兴迫在眉睫。

中国人民利用自己的聪明才智，经过上千年的生活实践创造历史，成为世界闻名的四大文明古国之一，为世界文明发展做出了巨大的贡献。

中华传统服饰作为中国人民劳动智慧的结晶，对物质文明和精神文明的发展有着重大意义，是中华民族区别于其他民族的独特表现。我们应当为自己的民族服饰而自豪。如何保护自己的传统服饰不受外来文化的侵蚀，成为在全球化发展大背景下我们维护传统文化的主要课题之一。

中华传统服饰传承千年，它的身上隐藏着中国传统的社会道德规范、社会风俗、衣食住行的各种要求以及严整、含蓄、中庸的思想观念等，是中华民族传统文化的载体，也是其外在的表现。所以，从某种意义上来说，复兴中华传统服饰并不是复古，而是复兴中华的传统文化。

中华传统服饰的现代复兴不是对旧有服饰等级制度的一并继承，而是有选择地继承，"取其精华，去其糟粕"，要用发展的眼光重新看待中华传统服饰，对其进行重新阐释，赋予它新的内涵。这样才能更好地继承和弘扬中华民族的优秀传统文化，增强我们的文化自信，潜移默化中提高我国的文化软实力，让整个社会、整个民族通过对民族传统服饰的认同感，连接得更加紧密，更加团结。

因此，中华传统服饰的复兴不仅是对中华文化美丽外衣的复兴，更是对中华传统文化核心内容的复兴。我们要通过学习和了解中华传统服饰，加深对中华民族五千年历史的理解！

第二章

先秦服饰

一、从无到有的史前服饰

在中华民族漫长的历史中，我们的服饰经历了
很多变化，人们从最开始的赤身裸体，到如今穿着
各式各样的服装配饰，这一切变化都要从那个"有
巢氏以出，袭叶为衣裳"的时候说起……

我们都知道夏天热的时候穿半袖，冬天冷的时候
穿棉衣。可是在上古的原始社会，先民们还处
于心智刚刚开蒙的状态，对于生活中的一切行为全靠自身
的本能。那么你知道他们是怎样一步步创造出衣服的吗？

这一切要从头说起。

在最初，人类和其他动物没有什么区别，都是赤身裸
体地在野外群居生活。他们靠着简单地采摘果实和捕猎其
他动物为生，这个时候的他们还不会用火，所以经常生吃
食物。不会使用武器的上古先民用自己的身体作为武器，
赤手空拳与自然进行斗争。也正是因为如此，在上古时

期，人们生病和死亡的现象非常多，存活率很低。

在这种艰苦的条件下，先民们通过火山爆发、电闪雷击引起森林起火等现象，慢慢自行摸索出了火的使用方法，此间经历了一个从恐惧、认识到使用的漫长过程。后来人们从自然取火，到在长期的劳动中发现摩擦可以生火，经过若干年不断尝试，逐渐掌握了一套人工取火的方法，自此人们开始学会吃熟食和用火取暖，逐渐从动物界脱离出来。

这时人们虽然已经学会利用石器等制作的工具，但是仍处于难以解决温饱的状态。这时，传说中的有巢氏出现了。

作为中国远古时代的部落首领之一，有巢氏最大的贡献是教会人们"构木为巢室，袭叶为衣裳"。据说，这是衣服产生的初端，也是从这时起先民们开始懂得利用外物来包裹自己的身体。

原始社会时期，人们的生存环境十分恶劣。在外出狩猎的过程中，为了防止尖锐的树叶和树枝刮伤身体，人们开始将树叶捆绑在身上，遮挡身上脆弱的地方，借此减少自己被草木割伤的可能。

在冬天，为了抵抗严寒，温暖身体，先民们将动物的皮毛裹在身上。

随着时间流逝，人们渐渐意识到自己与他人之间的差异，美的意识开始觉醒。在满足了最基本的蔽体需求之后，人们开始追求服饰上的美感。旧石器时代后期，人类逐渐发明了骨锥和骨针，将树叶或者兽皮连接起来，进一步创造了原始的服饰。

进入新石器时代之后，人们在服饰方面最大的变化就是学会了用布缝制服装。编织技术的发展对布的出现产生了最直接的影响。此时人们已经能够用皮或者布缝制帽子了。

二、夏商周时期服饰：衣与裳的演变

从上古时期的"袭叶为衣"开始，经过漫长的发展，到了夏商周时期，出于对美的追求，人们对服饰的制作和用料逐渐趋于精良，出现了衣和裳。

随着社会的不断发展，人们对美的追求越来越高。也正因为如此，我们的服饰种类才多种多样，单单上衣就可以分为衬衫、T恤衫、针织衫、卫衣、毛呢外套等众多种类。但是，你们知道吗？在刚刚脱离树叶和兽皮不久的夏商时期，服饰的形制还是非常少的。

夏商时期的古人对衣和裳做出了区别，古书《说文解字》中记载："衣，依也。上曰衣，下曰常（裳）。"

首先说"衣"。古人将保护身体躯干的部分称为"衣"。在夏商时期，人们的衣服大多都是交领，并且衣服的衽（衣襟）大多在右侧，长度最多到达膝盖左右，而有的衣服的后裾可以长达脚部。人们会在衣服的外面系上腰带，当时的贵族还会在腰带以上正中间的部位佩戴一些饰品。商代的衣和夏代相比，要更加窄小一些，袖子也更加狭窄。这些内容，我们可以从商朝后期的都城遗址殷墟中出土的人石刻像上得到印证。

后来服饰发展到周代的时候又发生了变化。周代的衣一般以宽大为主要特征，长度比之前更长，大多数都超过了膝盖。大部分的衣袖都和衣一样比较宽大，长度和宽度基本相等。此外，周代人们在原有的衣领样式上做了些许改动，在原本的交领样式基础上更加往颈部偏下的位置延伸。周代贵族对腰带也有了新的要求，在保持美观的前提下更加繁复，大多会系成蝴蝶结的样式。

接着说"裳"，也就是下衣的部分。在夏商周时期，人们的服装里面是没有裤子的，人们将保护下身的衣服称为"裳"，在一些古书中也写作"常"。裳的起源要追溯到上古时期，那时人们刚刚产生羞耻心，学会用兽皮或者树叶遮挡在身体前后，保护隐私，裳就是从那时人们为了遮羞的前后两块布发展而来的。

到了周代，人们为了行走方便，也为了使裳更加美观，对裳加以改造，将位于左右两侧的部分折叠起来，而前面正当中的部分则保持方正。这样行走间不仅可以遮羞，还可以体现仪态的美感。

当然，古代的裳并不仅仅用于遮羞，还有一定的保暖功能。但是这薄薄的几片布并不能在寒冷的季节里保护双腿，由此周代人们发明了"幅"。"幅"又称"邪幅"，是古人为了御寒，在腿上缠的比较窄的布条，一般是从脚往膝盖上斜着缠绕，整个邪幅处于小腿的位置，与我们后来的裹腿有些相似。

经过后来的发展，大约到了春秋战国时期，裳才逐渐演变成我们后世的套裤，但也不完全相同，大多左右各一个，中间不相连，也是到了战国时期裳才逐渐连为一体，并用丝绵填充其中。

纵观夏商周几代的发展，衣和裳都在不断地发生演变，不但越来越方便，也越来越美观，甚至出现了利用服装配饰区分阶级的用法。也是在这种摸索中，服饰的形制越来越规范，推动着它一步步向前发展。

三、衽与袂是什么

随着朝代的更替、时代的变迁，"衣"也随之发生了变化，其中最讲究的要数衣襟和衣袖的变化。在很多古装电视剧中，人们将东西放进衣襟或者衣袖里随身携带，那么你知道里面有什么乾坤吗？让我们走进衽（rèn）与袂（mèi）的秘密来看一下吧！

在古代"衣"的样式变化之中，"衽"和"袂"的变化是其中相当重要的一项。我们也将两者分开来介绍。

首先，"衽"就是衣襟，它的由来要从商周时期人们制作衣服的习惯说起。在最初人们制作衣服的时候，是将原幅的布不经过任何裁剪，直接拿来用，将布从胸前经右肩绕过颈部，然后会再回转于右边腋下，最后缠绕在腰部作为腰带，这样做的目的是方便右手操作，穿着之后不影响动作。

　　周代的时候，各诸侯国都以右衽作为衣的主要特征，只有一些少数民族以左衽为主要特征。在周代，各诸侯国在丧服上的衣襟才是左衽，《礼记·丧大记》中记载"小殓大殓，祭服不倒，皆左衽结绞不纽"，这非常符合当时人们对于生死问题的看法。当时人们认为，人活着的时候，将衣襟设在右边，方便用右手解衣带，那么当人死之后，衣襟就可以改到左边，这就代表着以后不再需要解衣带了。由此可见，当时人们右衽的制衣习惯是受社会的观念影响的。

　　商周时期，贵族们为了追求美，会在衣上做一些小小改动，使之更加美观。比如他们经常会在衣的领子和衽的边缘部分镶上花边，这些花边大多选用颜色艳丽的布缝制而成。这样做，不仅制成的衣美观又大方，还减少了衣的边缘磨损，起到了保护边缘的作用。

　　说完"衽"，下面来说说"袂"。"袂"就是我们常说的衣袖。相传最早出现的袂可以追溯到商代。古书中记载"帝乙归妹，其君之袂不如其娣之袂良"，这里就说明了袂是作为显示衣美的重要组成部分。

　　在商周时期，袂大都比较长，是在袖口部位从上往下垂的两块布，和现在戏曲服装中的水袖类似。但是衣袖太长就会影响行动，做事十分不便，因此到了春秋战国时期，孔子就主张"短右袂"，也就是提议让右边的袂短一点儿，可以方便做事。

后来随着朝代的更替，深衣等衣制的出现，古人的衣袖也随之发生了变化。寻常百姓只能穿像琵琶袖那种袖口比较小的衣服，方便行动，放入东西也不容易掉出来。而有身份地位的人才可以穿有宽大袖口的衣服。

那有人就会有疑问了，那么大的袖子，古人为什么将东西放在袖子里而不会掉出来呢？其实这些袖子看起来都是宽口的大袖，但是内在还是有一些细小差别的。有一种袖子叫作垂胡袖，这种袖子看起来很大，但是其实只留下了一个可以伸手的地方，其他地方全部都缝起来了，这样放东西就不会丢了。此外，聪明的古人还巧妙地在宽大的衣袖的手肘部绣了一个口袋，口袋的方向和袖口的方向相反，这样里面放着的东西就不会掉出来了，而且这个口袋藏在大袖子中也不会影响整体的美观。这样看来，真的不得不感慨一下古人的智慧啊！

综上所述，"衽"和"袂"在不同的朝代都有不同的发展，并出于实用和美观的考虑不断更新变化。也正是因为这些作为基础，我们现在的服饰在衣襟和衣袖的设计上才会有这么多不同的样式，为世界服装史添上浓墨重彩的一笔。

四、周代服饰：多种多样的衣

在西周和春秋战国时期，随着礼乐制度的建立和崩坏，衣的形制出现了多种样式，有平民或者儿童穿的"襦"、贵族睡觉时穿的寝衣、夏天穿的单衣、冬天穿的复衣等。

西周和春秋战国时期，衣的样式开始逐渐丰富起来，出现了很多形制。

首先是"襦"，也就是一种短小的衣。因为短小，所以非常适合穿着者日常劳作，所以平民和儿童经常穿。如果是连襦带裳的话，那么在战国时期的南方则称之为"裙襦"。云梦睡虎地4号秦墓出土的两封战国末期的秦木牍家书中，记载了军中的将士向家中索要"裙襦"的事情。这个时期的襦一般为窄袖右衽，矩形交领，长度极短，一般只到腰间的位置。而下裳的裙子上窄下宽，用绢带系在腰上，下垂到地面上。

在周代还出现了贵族睡觉时穿的长长的寝衣，不过那时的寝衣可比现在人们穿的睡衣要长很多。春秋战国时期的寝衣要"长一身有半"，也就是说寝衣的长度要有身高的一倍半那么长。

后来古人们为了适应春夏秋冬四季冷暖的变化，发明了对应季节穿的服装——单衣和复衣。人们将有表无里的衣称为"单"，而把有表有里的衣称为"复"。

然而在寒冷的冬天，即便是有里子的复衣也不能够抵挡住寒冷，所以人们便在复衣的夹层里填装了很多丝绵，这类复衣人们称之为"袍"。而填充复衣的丝绵被称为纩（kuàng），是一种很保暖的填充絮料。相传在春秋时期，楚庄王去讨伐宋国的属国萧，但是萧的守卫牢固，使得楚军久攻不下。此时正值寒冬腊月，非常寒冷，将士们很是艰难。为此，楚庄王亲自前往围城前线慰问。他看到士兵们如此寒冷，就下令所有将士都可以穿用纩填充的绵衣。

纩又被称为"帛"，孟子曾经形容"五十非帛不暖"，由此不难看出纩的暖和程度。

但是，丝绵在当时是很不常见的，所以平民百姓一般是无法穿上丝绵填充的袍的，他们只能穿一种由敝或者乱麻、苇茶等物所填充的袍子，用来抵御寒冷。这里所谓的

"敝"指的就是破烂的、旧的丝绵。

《论语·乡党第十》中就详细记载了春秋战国时期孔子的着装习惯。"君子不以绀緅（gàn zōu）饰，红紫不以为亵（xiè）服。当暑，袗绤绤（zhěn xì chī），必表而出之。缁衣，羔裘；素衣，麑（ní）裘；黄衣，狐裘。亵裘长，短右袂。必有寝衣，长一身有半。"

孔子穿着右衽的衣服

也就是说，孔子从来不用青里透红或黑里透红的颜色做衣领的镶边，也不用红紫色的布做家居时穿的便服。夏天的时候，孔子穿粗的或者细的葛布单衣，但外出时还要在外面再穿件单衣。黑色的罩衣配羔羊皮袍，白色的罩衣配小鹿皮袍，黄色的罩衣配狐皮袍。在家穿的绵皮衣做得较长，右边的袖子为了方便会做得较短。睡觉一定要有睡衣，长度

麻线与麻布

在一身半左右。

通过《论语》中对孔子着装的描述，我们可以和前面讲述的一一对应上。

总体来说，人们对于服饰由最初的蔽体之用，发展到后来的追求美观。随着周代礼乐制度的建立，人们赋予了服饰更多的含义，也在追求美的基础上，更加注重服饰的实用性，出现了更多种形制的服饰，为后世服饰的种类变化提供了发展方向。

五、古人的"貂皮大衣"

在立冬之后，全国各地就正式进入了冬季。一夜之间，气温就随着冬天的脚步降了下来。大家纷纷穿上厚厚的外套，准备过冬。但是在遥远的古代，没有棉服、羽绒服、貂皮大衣等暖和的衣物，那么古人是怎么过冬的呢？

古代的冬天因为没有像现代一样的取暖设备，只是靠烧火取暖而更显寒冷。说到这里，可能大家会替古人担忧，这么冷的冬天怎么过呢？那薄薄的古装真的能保暖吗？

其实大家完全不要小看了古人的智慧，虽然他们没有现代的羽绒服，但是他们也有自己的"貂皮大衣"——裘衣。

夏商周时期，古人为了在冬天抵御寒冷，都还保留着穿皮衣的习俗，那时人们称皮衣为"裘"。这种习俗和上古时期先民们穿兽皮有着异曲同工之妙，但是对比之前的简单处理之后直接穿着，夏商周时期裘衣的制作更加精良。

在甲骨文中，"裘"字就是当时毛在外面的皮衣的象形。从"裘"字的形体上看，那时的殷人为了适应穿着的需要，已经将兽皮裁剪成直领的右衽形状。

在夏商周时期，人们制作裘衣的过程非常复杂，需要将兽皮进行一系列的加工才能制成裘衣。根据史料记载，在周代，社会上已经出现了专门制作皮裘的手工匠人，比如"鲍人""韦氏""裘氏"等。

周代的贵族对裘衣的要求更高，尤其对皮毛的质量更讲究。被用来给贵族制作裘衣的韦革，其颜色远远望过去犹如白雪一般，手感极好，摸上去就能感受到它的柔软与光滑。卷起来的时候，不会歪也不会斜，平铺开来，感觉不到有高低厚薄的差别，很是平整。用这样的顶级韦革来缝制裘衣，线会隐藏在皮革之中，看不出一丝一毫的人工痕迹。

这样的韦革是非常难得的，需要极其精细的爱护，注意保养。既不能多次用水清洗，也不能抹上过多的油脂。如果经常清洗，会使韦革变硬；而如果涂抹过多油脂，则会导致韦革变得太过柔软。这种高规格的韦革制成的裘衣非贵族不能拥有，一般人根本用不起。

由于当时裘衣太珍贵，所以古人在穿着的时候会非常爱惜。为了减少磨损，甚至会在裘衣的外面穿上一件外衣来保护裘衣的毛色。这种用来保护皮毛的外衣就被称为裼（tì）衣。在春秋战国时期，贵族们对裘衣的穿着也十分讲究，不但需要用外衣进行保护，还要注意其与其他服装的搭配，尤其是与裼衣的搭配。就连至圣先师孔子对这个搭配也有自己的主张，在《论语·乡党第十》之中，孔子阐述了自己对裘衣与裼衣搭配的"心得"。

周代的等级制度森严，这一点也体现在了服饰上面。周代的贵族们对裘衣和裼衣非常重视，并将此作为自己身份地位的标识。据孔子所言，缁（zī）衣、素衣、黄衣、鹿裘和羔裘等还都只是一般贵族的服装，君主的服装会更加珍贵。《礼记·玉藻》中记载"锦衣狐裘，诸侯之服也"，由此可见用狐裘装饰的锦衣也不是一般人能拥有的。

当然，裼衣的作用也不仅仅是用来保护裘衣的，它在一些特殊场合表现的是礼貌和审美观念。比如在吊唁的时候，因为是丧事，所以人们要尽量将裼衣的美隐藏起来，于是就会在裼衣之外再穿上一件衣服，这就叫作"冲美"。再比如，有君主在场的时候，臣子们为了尊重君主、表示喜庆，就需要尽量展现出裼衣的美，这就是所谓的"尽饰"。这么看来，周人对于裘衣和裼衣的重视可真是非同一般、用心良苦啊！

随着历史的发展，褐衣和裘衣也在不断变化着。虽然本质上还是为了抵御寒冷，但是其中已经掺杂很多等级观念、审美追求等因素，向后世的人们展现着不同时代的风貌特征。

六、深衣与胡服的出现

现代的我们习惯穿上下分开的衣裤，这样不仅行动方便，而且穿脱都很容易。但是在古代可不是这样，烦琐的衣裤让古人们烦透了，于是一种舒适的宽大衣服应运而生，那就是——深衣。

在遥远的商周时期，古人的服饰大多是上衣下裳的样式，这种服饰不仅制作起来费事又费时，而且穿起来还非常麻烦，甚至连舒适度也不能保证。所以人们冥思苦想之后，大约在西周后期的贵族之间，一种宽大的名为"深衣"的服饰逐渐兴起。

深衣最大的特点就是将原本上下分开的衣、裳连接为一体，形制简便不说，穿上去还非常舒适，无论男女老少都可以穿，减少了不少麻烦。

关于深衣的形制，在《礼记·深衣》中有详细的记载："古者深衣，盖有制度，以应规、矩、绳、权、衡。"

深衣的长短和身材相匹配，较短的深衣也要将人的身体和皮肤全都包起来，长的深衣也不能太长拖地。而且，由于深衣是上衣下裳连在一起的，所以尺寸一般需要宽大一些，这样才能够适应不同身材人的需要。也正是因为这种衣服十分宽大，给人一种深邃的感觉，所以起名为"深衣"。

深衣的一个特点是续衽钩边。在古书中有记载，深衣下裳的尾部宽一丈四尺左右，而裳的腰部宽度仅有七尺多，只是下宽的一半，所以就需要在裳的腰部两边续加两块布，并做成曲边，这就是续衽钩边的意思。

除了这个特点之外，深衣的袖子也很有特点，要求袖子的袖宽达到可以在袖子里曲肘的程度，袖子的长短要和人的手臂长短相同。深衣也是需要扎腰带的，深衣扎腰带的地方非常妙，正好卡在腰的中间没有骨头的位置，既不会勒到上面的肋骨，也不会勒到下面的髋骨。

这种身长、宽下、束腰的深衣很受贵族们的喜爱，可以满足他们的多种需求，所以古人们常称赞深衣"可以为文，可以为武，可以摈相，可以治军旅，完且弗费，善衣之次也"。这里的"善衣"是指在朝会或者祭祀时穿的衣服，并非贵族日常服饰。相比之下，深衣更适合在日常穿着。因此深衣可以说是夏商周时期服饰的一个重要进步。

深衣发展到战国时期，虽然仍作为贵族的日常服饰，穿着十分舒适，但是由于它的宽大，运动起来非常不方便，尤其是在需要动作灵活的战场中更是显得累赘，对行军打仗十分不利。

因此当时正在和东胡人与楼烦人打仗的赵国率先进行了改革。赵武灵王在和敌人对战的时候发现，自己的士兵宽衣大袖，

便于马上活动的胡服

行动起来笨拙又不方便，而反观对手，都穿着轻便的短衣长裤，动作灵活多变。为了振兴赵国，赵武灵王吸取了对手的服装优势，决意提倡胡服。这场服饰变革遭到了当时守旧贵族的强烈反对，但是赵武灵王利用现实和社会进步、需要相结合，强势地说服了他们。自此，军中上下开始穿着胡服。增强了军备实力的赵国，最终打败了东胡和楼烦，成为军事实力强大的诸侯国之一。

当时胡服最大的特点就是短衣、长裤、束带，使用带钩，穿着短靴和皮弁（biàn）。这种服饰正好符合当时北方少数民族长期的游牧需要，既便于游牧射猎，也方便行军

打仗。由此不难看出，赵武灵王这个决策是十分有远见且完全正确的。赵国的服饰由此改变，胡服也开始进入了中原地区。

后来魏晋南北朝时期，南北民族文化大融合，推动了胡服的发展，到唐朝时，胡服成为一种社会风尚，为服饰的发展带来了很大变化。

无论是深衣还是胡服，都充分显示了不同朝代、不同环境下，古代人民对服饰实用性和美观的追求。

七、帝王之服——冕服

中国素来有"礼仪之邦"的美誉，自古以来形成的服饰制度不仅内容丰富，并且体系也十分完整。冕服作为帝王之服，是古代帝王的礼服之一，在中国的传统服饰中占有重要地位，是古代传统服饰中的重要组成部分。

在中国古代，冕服作为一种高级的礼服，一般是帝王在各种重要场合、仪式时所穿的。"冕服"这个词最早出现于《礼记·杂记上》中，"复，诸侯以褒衣冕服，爵弁服"。据记载，冕服早在夏商时期就已经出现并开始发展，到了周代才正式成型。

冕服由两部分组成，分别是冕和服。

冕服中的"冕"就是指冠冕。《说文解字》中注明："冕，大夫以上冠也。"在所有的冕中又以天子的冠冕为尊。天子的冠冕大致上由"綖（yán）""旒（liú）""缨"

"纮（dǎn）""瑱"（tiàn）"纮（hóng）"等组成。

綖，是指冠冕顶部的木板，又名"冕板"，一般用木头制成。外裹细布，上面用黑色细布代表天，下面用红色细布代表地。通常做成长方形，象征天圆地方。后部比前面高一寸左右，呈前倾之势，有天子应当向前俯身关怀百姓之意。

旒，又名"玉藻"，是綖前后两端的玉珠帘，常用五彩丝线将五彩珠玉串连起来。

缨，即冕板左右垂下来的红绸绳。

纮，是由丝做成的线绳，线绳的下端有黄色绵丸，即"黈（tǒu）纩"。

瑱，就是挂在纮头上的玉，因为正好位于耳朵旁，故又名"充耳""塞耳"，用来适当降低天子的听觉，意在警示皇帝不要听信谗言。

纮，是指与玉笄（簪子）两端绕额下系的朱红丝带，用来固定冠冕。

冕服中的"服"由很多服装构成，包括玄衣、练裳、白罗大带、黄蔽膝、素纱中单等。除了这些，冕服上还会有很多配饰，例如彩色的丝带、玉钩、玉佩等。

到周代冕服已定型，按照当时等级礼仪制度的规定，天子、公卿、士大夫参加祭祀，都必须穿着冕服，头戴冕冠。冕服都是玄衣纁（xūn）裳，通过图案和冕旒的数量不同来区分身份等级。这里我们重点讲一下帝王的冕服。

在周代，帝王的冕服一共有六种形制，分别为大裘冕、衮（gǔn）冕、鷩（bì）冕、毳（cuì）冕、希冕、玄冕。这六种冕服合称"六冕"，又称"六服"，全都是上为玄衣、下为纁裳的样式。这六种冕服的规格不同，适应的场合也不同。其中规格最高、最隆重的冕服就要数大裘冕了。帝王一般会在祭祀"昊天大帝"，也就是我们常说的祭天的时候穿，此时的冕服上绘绣十二章纹，冕旒也会采用十二旒制，故大裘冕又称十二章服。其他场合，冕服上章纹和冕旒的数量会逐渐递减。

帝王冕服上的十二种纹样，被称为"十二章纹"。衣上绘制日、月、星辰、群山、龙、华虫，为"上六章"，裳上绘制宗彝、藻、火、粉米、黼（fǔ）、黻（fú），为"下六章"。这些图案分别代表不同的含义，日和月都代表光明照耀，星辰代表光明照临，群山代表稳重镇定，龙代表应变，华虫代表穿着者有文章之德，宗彝代表忠孝，藻代表纯净有文采，火代表光明，粉米代表滋养化育，黼代表决断是非，黻代表明辨。

通过这些纹样和配饰，我们不难想象古代帝王冕服的华贵。这体现了鲜明的阶层等级制度，彰显了帝王的威严，展现了帝王"受命于天"的崇高地位和使命。后来到清代冕服制度被废除。体现"天子为尊"思想的冕服在中国历史上传承了两千多年。

第三章

汉魏服饰

一、深衣的进化：曲裾和直裾的出现

随着社会经济的进步和文化的发展演进，汉魏时期中国的服装制度开始逐步确立。燃脂工艺、刺绣工艺和金属工艺的快速发展，使得服装也跟着快速发展起来，呈现出了繁复多样的特点。作为传统服饰的深衣在这个时代也有了较新的发展。

深衣自春秋战国时期发展到汉代，人们在原本"深衣制"的基础上，对深衣的形制进行了改变，使之更加丰富。

深衣的穿着不分性别，男女都可以穿，并且也不被身份地位所束缚，上至天子大臣下至庶民百姓都可以穿深衣。贵族们将深衣制的服装作为礼服用，平民们则在举行吉礼时作为吉服穿着。

虽然深衣的制式不受身份地位的限制，但是朝廷还是对深衣的样式、规格、结构、缝制等方面进行了制度上的规定，每个阶层、每个级别，深衣在颜色、用料和款式上各有不同。

汉代时期，深衣的款式按照衣襟的不同划分，可分为两种，分别为曲裾和直裾。

曲裾就是开襟，从领曲斜至腋下。这种样式在战国时期就非常流行，到了汉代仍为人们所沿用。汉代的曲裾深衣不仅男子可以穿，就是女子的服装中也非常常见。汉代人在先秦时代深衣的基础上进行了加工，从外观上看，衣襟的长度更长了，绕转层数增加，下摆增大了一些，呈现出喇叭状，衣服加长拖地，行走间不会露出脚。从穿着上看，腰身一般会裹得非常紧，腰带扎系在缠绕着的衣襟末端，用来防止衣服松散。也正是由于这种深衣的右衽斜领领口很低，所以能够露出其内里的里衣衣领，"三重衣"由此得名。它的袖型有宽窄两种，袖口大多都会镶边。

曲裾深衣的服装样式可以从很多出土的文物或者形象资料中窥见一二。比如河北省平山县战国时期中山国的遗址中就出土了一件人形的灯柱铜灯，人形的穿着就是典型的曲裾深衣。再比如湖南省长沙马王堆一号汉墓出土的深衣也是曲裾深衣。

直裾深衣并不绕襟，衣裾位于身体的侧边或者侧后方。虽然到了东汉时期，直裾深衣已经广为流传，但是常被当作常服穿着，仍然不能作为正式的礼服使用。

发展到魏晋南北朝时期，深衣制已经不被男子采用，而被女子一直使用，其形制已经和汉代早期有了明显的差别。最显著的特征就是"上俭下丰"，其中最具代表性的就是杂裾垂髾（shāo）服。

杂裾垂髾服是魏晋南北朝时期很流行的女性服饰，大多上衣短小，衣身细窄贴身，衣袖宽大，腰间用一条帛带扎系，在衣襟、袖口、下裾等位置缀有饰品。杂裾垂髾服因在服装上饰以"纤髾"而得名。这里的"纤"指的是一种以丝织物制成的饰物，形状是上宽下尖的三角形，层层相叠，一般固定在衣服的下半部分。而"髾"则是指一种长长的飘带，从围裳中伸出来，拖到地面上，走起路来，像是燕子飞舞一般。

对于杂裾垂髾服，我们可以从东晋画家顾恺之的《洛神赋图》中找到一二。画中描绘的洛水神女身穿华美艳丽的杂裾垂髾服，宽衣薄带，仙气飘飘，超凡脱俗。从画中洛水神女的风采和服饰中，我们不难看出魏晋时期贵族妇女的服饰特点和人们的审美追求。

深衣作为我们华夏民族的传统服饰，随着时代的发展在原来的基础上不断变化，出现了更多形制的深衣，为后人使用。它对我们向世界展现中国传统文化的风采有着重要的作用，是中华服饰文化的重要组成部分。

二、汉魏男子工作、居家穿什么

在现代生活中，随着服饰的种类增多，人们在居家和办公的时候通常会有不同的装束，由此出现了各式各样的居家服和工作服。那么汉魏时期，男子工作、居家都穿些什么，你知道吗？

前面提到在汉魏时期，人们对深衣制服装在原来的基础上进行了改进，后来还进行了丰富，由此出现了很多不同样式的深衣制服装。

此时人们的服饰大概有三层，由内到外分别是内衣、中衣和外衣。虽然都较前代有不同程度的变化，但是其中变化最为明显的非外衣莫属，出现了不少其他样式。

禅衣指单层的外衣，是深衣制服饰的一种，当时男女对禅衣的使用非常普遍。《说文解字》中解释是"禅，衣不重"。《释名·释衣服》中这样解释禅衣："禅衣，言无里也。"由此可见禅衣就是没有衬里的单层外衣。

在汉代，官员在上朝工作的时候要求穿着禅衣，并对于朝服的颜色有着具体的规定，一年四季要按照五种时节穿着相应颜色的朝服。一般要求春季穿青色，夏季穿红色，季夏穿黄色，秋季穿白色，冬季穿黑色。

大多数的禅衣都是夏衣，以布帛或者薄丝绸制成，轻薄透气。目前出土的禅衣中最为著名的就是长沙马王堆一号汉墓的"素纱禅衣"。这件禅衣出自长沙国丞相利苍妻子辛追的墓中，当时出土的素纱禅衣有两件，分别是直裾素纱禅衣，重49克；曲裾素纱禅衣，重48克。可惜后来曲裾素纱禅衣被毁坏了，只留下直裾素纱禅衣。这件禅衣薄如蝉翼，轻如烟雾，虽然经过了两千多年时间的洗礼，但质地仍然非常坚固，色泽十分亮眼，实乃稀世珍品。它反映了西汉时期高超的纱织工艺技术，是我们传统服饰史上当之无愧的骄傲。

襜褕

说完了工作装的朝服禅衣之后，我们再来说说另一种汉魏时期居家休闲的服装——襜褕（chān yú）。

襜褕是一种宽大的直裾袍，是深衣制服饰的一种。《说文解字·衣部》中对襜褕的解释是"直裾谓之襜褕"。襜褕在西汉初期出现，《史记索隐》中注："襜褕谓非正朝衣，若妇人服也。"也就是说，襜褕最初是女子的日常服装，男子是不能穿的，否则会被人认为是失礼的表现。《史记·魏其武安侯列传》中记载的这样一件事印证了这一点："元朔三年，武安侯坐衣襜褕入宫，不敬，国除。"汉武帝元朔三年，武安侯田恬就因为穿着襜褕入宫，就被判以"不恭敬"的罪名，最后失掉了诸侯国。

到了西汉晚期，襜褕的地位才逐渐得到提高，开始普及起来，男女皆可穿着。东汉以后，襜褕逐渐替代了深衣的部分功能，成为除祭祀之外，朝见和居家的常服。

襜褕的制作材料广泛，帛和兽皮都可以作为材料使用，还可以加毛皮装饰，多在春秋两季用来抵御寒冷、保持温暖。襜褕的外形和深衣很相似，都是均匀的衣裳相连，唯一的不同是，深衣多为曲裾，而襜褕是直裾。襜褕作为一种新型的服饰，穿着时不用担心暴露下体，所以款式都十分宽松，并不像曲裾深衣那样紧身。

《后汉书·耿纯传》李贤注引《东观汉记》中曾记载："耿纯，字伯山，率宗族宾客二千余人，皆衣缣襜褕、绛巾，奉迎上于费。"从这段描述中，我们可以看出襜褕已经非常常见且地位有所提高了。

　　禅衣和襜褕都是深衣制服饰的延伸和创新，也正是因为古人的不断创新和实践体验，才使得今天我们的服饰文化多姿多彩，有着独一无二的魅力。

三、汉魏男子的礼服——袍服

袍服作为中国最早期的服饰之一，不但历史悠久，而且流传甚广，是我们研究中华古代传统服饰非常重要的部分。下面就让我们一起走近袍服，感受一下袍服的魅力吧！

袍，又称"袍服"，是一种含有棉絮的内衣。《释名·释衣服》中解释为："袍，丈夫著下至跗（fū，脚背）者也。袍，苞也。苞，内衣也。妇人以绛作衣裳上下连，四起施缘，亦曰袍。"

作为中国古代的传统服饰之一，袍服出现的时间非常早，可以追溯到先秦时期，战国以后袍服的穿着比较常见，并且男女都可以穿。战国时期袍服和深衣最大的区别就是袍服是直裾，而深衣大多为曲裾。袍服的袖子相对来说比较窄小，而深衣则大多是宽袖的，并且袍服的衣摆没有深衣那么大。相同的地方就是二者都是交领右衽，上下的衣裳是连为一体的。

最初，袍服常被当作内衣。《礼记·丧服大记》中写道："袍必有表。"意思就是说，这时穿袍服必须要在外面穿一件外衣。

到了汉代，人们在居家时已经可以单独穿袍服，而不需要再穿一件外衣了。后来，袍服逐渐由内衣演变成一种外衣。因为在样式上和襜褕相近，时间一长，两者就渐渐融为一体了，而且不管有没有棉絮，都统称为"袍"。

汉代以后，人们对于袍服的做工更加考究，对装饰的要求也越来越高，由此袍服的地位逐渐上升，用途也越发广泛，男女皆可穿。

男子穿袍服的人，上有帝王，下有群官，是作为一种朝廷的礼服使用，礼见朝会都会穿袍服。在《后汉书·舆服志》中可以查到这样的资料：皇帝"服衣，深衣制，有袍，随五时色。袍者，或曰周公抱成王宴居，故施袍。《礼记》'孔子衣逢掖之衣'。缝掖其袖，合而缝大之，近今袍者也。今下至贱更小吏，皆通

汉魏袍服

制"。从这段话中我们还可以得知，后来袍服还可以作为帝王群臣以及庶民百姓的日常装束。

袍服是交领，两襟相交之后垂直而下，衣袖较为宽松，呈圆弧状，为了便于活动，袖口做得比较窄紧。在领、袖、襟、裾等位置会缀以缘边，不但可以装饰服装，还可以起到使衣服更加紧实的作用。

袍服有夹和棉之分，那种用细而长的新棉絮制成的袍服，被称为"纩袍"，用粗而短的新棉絮或者旧棉絮制成的袍服被称为"缊（yùn）服"。

在西晋、东晋时期，袍服采用交领右衽的设计，袍身宽松，袖子肥大，在领、袖、襟等部位都会镶饰缘边。而到了北朝时期，袍服则变成了交领或者圆领的设计，仍是右衽，但却是窄袖，非常合身的设计，在领、袖、襟等部位不再全部镶饰缘边，而是有时完全不镶饰缘边。

随着时代发展，袍服不断演进，直到清朝迎来鼎盛时期，不仅样式增加了许多，就连袍服上的颜色、花纹等都非常有讲究。

袍服作为中华传统服饰之一，是中国数千年来服饰史上极其重要的一部分，其功能的演变由最初的内衣到后来的帝王百官常服，又到后来成为朝服、礼服，整个过程对我们研究中国古代服饰的发展有重要意义，是中国传统文化不可或缺的部分。

四、汉魏女装之袍服和袿衣

袍服不仅仅是一种礼服、朝服、日常的装束，对于汉魏的女子来说，它的意义更是不同。除了袍服之外，汉魏时期女子穿着的袿（guī）衣，你知道是什么吗？

在汉代，袍服经过漫长的发展已经逐渐普及，成为男女都可以穿的一种服饰，也因此袍服的制作越发考究，袍服的装饰也日渐精美起来。甚至一些别出心裁的女子还会在袍服上大展身手，为它绣上各式各样的花纹，将自己的心灵手巧展现得淋漓尽致。

袍服对于汉魏时期的女子来说，有着不同的意义。之所以这么说，是因为即便是在古代女子最看重的婚嫁时刻，她们也要穿着袍服。《后汉书·舆服志》中记载："公主、贵人、妃以上，嫁娶得服锦绮罗縠缯（hú zēng），采十二色，重缘袍。"意思就是说贵族女子出嫁时可以穿着袍服，用十二种颜色的布料对袍服的边缘进行装饰。当然一般女子婚嫁也穿着袍服，但是在袍服的颜色和饰品上会有所不同，以示区别。

除了袍服之外，汉代的女子比较常穿的服饰还有袿衣。袿衣是一种长襦，类似于诸于，关于它的起源可以追溯到殷商时期，是模仿玄鸟燕尾所制成的。关于袿衣的由来还有一段传说故事：相传颛顼帝的孙女女修吞下玄鸟蛋，于是生下了大业。大业的儿子大费帮助大禹平水土有功，因此舜帝授予他玄圭。大费为舜帝驯服鸟兽，被赐予嬴姓，成为秦朝的先祖。其后人尊奉玄鸟为天媒，称为高辛氏禖（méi），简称为高禖。袿衣就是信奉这种玄鸟才仿照其燕尾的形状制成的。

《释名·释衣服》中记载："妇人上服曰袿，其下垂者，上广下狭，如刀圭也。"这里所谓的"上服"并不是指上衣，而是上等衣服的意思。《汉书·元后传》中记载："又独衣绛缘诸于。"唐代颜师古对这句话进行了注释："诸于，大掖衣，即袿衣之类也。"从这里我们可以推断出，袿衣可以是皇后的礼服。

至于袿衣的样式，依据《释名·释衣服》中的解释，可知袿衣有刀圭形状的垂饰，并且袿衣上缀有长长的带子。这可以从《汉书·司马相如传》中的《子虚赋》"蜚襳（xiān）垂髾"窥见一二。关于这句话的意思，颜师古也做了注释："襳，袿衣之长带也；髾，谓燕尾之属，皆衣上假饰也。"

汉代出土的画像石、画像砖等上面都有舞伎穿着袿衣，我们不难看到此时袿衣的上面有长长的飘带。

袿衣一直到魏晋南北朝时期仍然是女子们的心爱之物。她们常常穿着袿衣，姿态美丽动人。在很多书画作品中，都对她们的形象做了描绘。比如东汉的杜笃在《被禊（fú xì）赋》中描绘被禊之日女子们头戴翡翠饰品、耳朵挂着明亮的珠玉饰品、穿着袿衣的样子，"若乃窈窕淑女，美媵（yìng）艳姝，戴翡翠，珥明珠，曳离袿，立水涯"。曹植在《洛神赋》中也形容洛神"扬轻袿之猗靡兮，翳修袖以延伫"。《宋书·义恭传》云："舞伎正冬著袿衣。"在画家顾恺之的《列女传图》中，贵族女子们穿着袿衣，此时袿衣的形制是束腰的，上丰下俭。

袍服和袿衣都是汉魏女子常穿的服饰。作为传统服饰文化的一员，袍服和袿衣现在虽然已经离我们很远，但是我们一定不能让它们泯灭在历史的长河中，它们始终是中华服饰文化宝库中重要的组成部分。

五、汉魏女装之襦裙

随着近来汉服文化的复兴，人们对汉服的兴趣也越来越浓厚，女孩子对于各式各样的汉服尤其没有抵抗力，都深深为汉服的魅力所折服。既然喜爱汉服，就要了解汉服，所以今天就带大家了解一下汉魏时期女装的襦裙。

襦，是一种长度不过膝盖的短衣。许慎在《说文解字·衣部》中记载："襦，短衣也。"颜师古注："短衣曰襦，自膝以上。"东汉之前，男女都可以穿襦，既可以当作衬衣，也可以当作外衣穿。但是东汉之后，男子穿襦的就渐渐少了，襦多成为女子穿着的服饰。襦一般采用大襟，分长襦和短襦两种，长襦不低于膝盖，短襦仅仅达到腰间。襦的衣袖有宽窄两种样式。

襦在当时属于上层社会的便服。在《汉书·叙传》中有这样的记载："班伯为奉车都尉，与王、许子弟为群，在于绮襦纨绔之间，非其好也。"

由于襦比较短，所以通常需要搭配裤子来穿，汉代很多画像中都有穿着襦与裤子的形象，女子一般是穿襦和裙子搭配。

到了魏晋南北朝时期，襦裙继承了汉朝的旧制，还是以上襦下裙为主。上襦多用对襟的样式，在领子和袖子的部分绣上各种图案，袖口或窄或宽。腰间通常有一个围裳，一般称其为"抱腰"，外面束丝带，并且下裙面料也比汉代更加丰富多彩。随着这个时期佛教的传入和兴起，莲花、忍冬等纹饰也开始出现在人们的服饰上。原本人们对襦裙的材质、色泽和花纹的喜好都更加偏向鲜艳和华丽的风格，但是随着佛教兴起，纯白无花的裙子也受到了女子们的追捧。

襦裙按照不同的划分方法，有不同的种类。

以裙腰的高低划分，襦裙可分为齐腰襦裙、高腰襦裙、齐胸襦裙。

齐腰襦裙的上襦和下裙在腰部分开，穿起来行动更加方便；高腰襦裙也是上襦和下裙，不过束带的位置有所变化，处于胸部以下、腰部以上的位置；齐胸襦裙也分上襦和下裙，它的际线是在胸部以上。

按照襦裙的领子样式划分，又可以将襦裙分为交领襦裙和直领襦裙等。

按是否夹里的区别，襦分为单襦和复襦。襦中填充内絮的，被称为复襦，古诗《孤儿行》中写道："冬无复襦，夏无单衣。"襦中没有填充内絮的，则被称为单襦。《释名·释衣服》中解释："禅襦，如襦而无絮也。"单襦与衫类似，复襦与袄类似。除了是否填充内絮之外，还可以凭借二者有无腰襕（lán）区别。

介绍完襦裙的种类，下面给大家介绍两种在汉魏时期比较常见的襦裙。

接袖襦裙，是汉魏时期比较流行的一种襦，因为在袖口多接出一截白色的接袖而得名，是大襟右衽的样式，衣身的下半部常束在裙内。袖子有宽窄两种，但是大部分都是窄袖。在朝鲜乐浪彩箧冢出土的汉画以及河南新密打虎亭汉墓中的壁画人物的衣着就是这种接袖襦裙。

腰襦，也作"要襦"，是汉魏时期女子穿的一种齐腰短袄。它的形制和普通的短襦相似，只是在腰的位置有一些不同。汉代刘熙在《释名·释衣服》中记载："要（腰）襦，形如襦，其要（腰）上翘，下要（腰）齐也。"这种短袄一直沿用到清代，直到清代中叶才逐渐消失。

　　总的来看，襦裙作为中国古代妇女服饰中最主要的形式之一，自战国直至明朝，前后两千多年，尽管长短宽窄时有变化，但基本形制始终保持着最初的样式。它的发展和变化为我们中华传统服饰文化增添了新的内容，续写了新的篇章。

六、汉魏下装之裈与袴

在中国的服饰史上，我国的传统服饰大多都是上衣下裳，或者上下相连的形制。汉魏时期的下衣可以笼统地称为"裳"，具体来说，又可以分为袴（kù）、裈（kūn）、裙、蔽膝等种类。

在中国古代，"裤子"被称为"绔"或者"袴"。裤子最早出现的时间可以追溯到春秋战国时期，那时人们已经开始穿裤子了，但是形制还不完备。《说文解字》中解释："绔，胫衣也。"《释名·释衣服》曰："袴，跨也。两股各跨别也。"胫就是小腿，所以胫衣也就是指小腿的衣服，而股就是指大腿，"跨别"就是指分别穿一只。这就说明此时的裤子是没有裆部的，只有两只裤腿，分别套在两条腿上，然后用绳子系在腰间。

胫衣的穿着不分男女，其主要目的是保护胫部（小腿），但是由于膝盖以上没有遮挡的衣物，因此还需要穿深衣进行遮挡。也正因为胫衣的不便，人们行动的时候非常谨慎，以防露出下身。《礼记·曲礼》中记载"暑毋褰裳"，意思就是夏天的时候也不要解开裳；《礼记·内则》中又写道"不涉不撅"，意思是如果不是到非要下水的地步，不要解开裳。这些礼仪都是因为古人穿着胫衣而逐渐产生的。

古人对制作袴的用料非常讲究，贵族穿的袴要用丝绸等比较名贵的布料制成，而平民百姓所穿的袴则是用质地比较差的布制成的。明代的张岱在《夜航船·衣裳》中写道："纨袴，贵家子弟之服。"现在我们常说的"纨绔子弟"就是从这里衍生出来的，代指不务正业、不学无术的贵族子弟。

那么是什么时候古人才脱离"开裆裤"穿上有裆的裤子的呢？

战国时期，西北的少数民族流行胡服。胡服的裤子形制要比汉族的完备，于是在赵武灵王引进胡服之后，胫衣就被改为裤裆相连的合裆裤了，这种合裆裤最初被用于军队打仗时穿着，后来发展到汉代时才流传到民间。

民间对于合裆裤的由来还有这样一个传说。据《汉书·上官皇后传》中记载："光欲皇后擅宠有子，帝时体不安，左右及医皆阿意，言宜禁内，虽宫人使令皆为穷袴，多其带，后宫莫有进者。"这其实讲的就是霍光想让自己的女儿成为汉昭帝的皇后，受到皇帝的专宠，于是他就以皇帝身体不适为理由，不让皇帝与其他女子亲近。为了防止皇帝和其他宫女在一起，命令宫中所有的女子都必须穿上合裆裤。

人们为了和开裆的"袴"有所区别，便将合裆的裤称为"裈"。颜师古在《急救篇》中注："合裆谓之裈，最亲身者也。"说的就是裈是贴身穿用，当裆被缝合之后，就可以单独直接穿，不用再加上一件裳了。

裈的形制有很多，有过膝的长裈，也有短裈。其中有一种叫作犊鼻裈的，就是用一块布缠在大腿上，然后在腰部系起来，有点类似于今天的内裤。但是这种犊鼻裈一般只有下层民众使用。《史记·司马相如列传》中记载了司马相如就曾经穿着这种犊鼻裈："相如身自著犊鼻裈，与保庸杂作，涤器于市中。"司马相如之所以会穿犊鼻裈，是因为他和卓文君私奔之后，卓文君的父亲太过生气，于是决定，即便自己有钱，也绝不会给他俩一文钱。无奈之下，司马相如只好自己开了一家酒铺，让卓文君卖酒，自己则去给别人打工。由此就能看出犊鼻裈是下层民众穿着的衣服。

　　无论是袴还是裈，都是汉魏时期古人下装的重要表现形式，对后世下装的发展有重要影响。

第四章

隋唐服饰

一、隋唐男子春夏秋冬穿什么

四季不断变化，气温也各不相同，我们都会根据四季温度的不同，选择对应的衣物，比如春天穿卫衣，夏天穿短袖、连衣裙，秋天穿衬衫、薄毛衣，冬天穿羽绒服、棉裤等。但是你知道在服饰种类没有这么丰富的隋唐时期人们四季穿什么吗？

隋唐时期，男子最常穿的服装是袍、衫和袄。随着四季的变化，人们会随之更换衣物。一般在春夏季节，人们穿衫；秋冬季节，人们穿袍；如果天气再冷一点儿，人们则穿袄。

袍，又称袍服，在前面我们已经简单介绍过，这里我们重点介绍一些关于隋唐时期袍服的内容。袍服是隋唐时期男子的普遍服装，一般以圆领右衽为主，人们会在其领、袖以及衣襟的边缘进行修饰，袍服的袖子有宽窄两种。

　　一般官员的常服都会利用织有暗花的料子进行制作，并用不同的颜色区别不同等级官员的身份和地位。男子所穿的袍服下端，会进行"袍下加襕"，也就是说在膝盖的位置加一道横襕（拼缝）。这种形制的官服一直沿用到宋朝。我们从隋代的一幅画作《备骑出行图》中可以看到这种袍服的样子。图中描绘了四个侍卫，虽然他们的表情不同，姿态各异，但是他们都身穿袍服，袍服的下端有一道明显的拼缝。

　　赭（zhě）皇袍，是隋唐时期比较有代表性的袍服。赭皇袍是一种赤黄色袍服，也被称作"郁金袍"或"柘（zhè）黄袍"，起源于隋炀帝时期。唐代贞观年间规定，赭皇袍为皇帝常服，穿折上巾、赤黄袍、六合靴，只要不是大型的祭祀、朝会等活动，皇帝都会穿着赭皇袍。《新唐书·车服志》中记载"至唐高祖，以赭皇袍、巾带为常服"，由此可以看出整个唐代都沿用此制度。

　　衫出现于魏晋时期，是一种没有里子的单衣，多用轻薄的纱罗制成。衫的袖子一般都比较宽松，并且袖口并不收紧，领子采用对襟的样式。衫和襦既可以用带子系上穿着，也可以不系带子，直接穿着，比袍服穿起来方便很多，而且散热性也好，非常适合夏天穿着。

　　唐代士人穿的衫名为"襕衫"。《新唐书·车服志》记载："是时士人以棠苎襕衫为上服。"百姓穿的衫与士人穿的衫有所不同，样式比较短小，长度大多不会超过膝盖，这样劳作比较方便，也称作"缺袴衫"。

除了襕衫之外，隋唐时期比较有代表性的衫，还有靴衫和白衫。靴衫是指高靿（yào）靴以及圆领衫，是男子骑马时穿着的服饰。白衫是唐宋时期士人的便服，因用白色的纻罗为材料制成而得名。

《夜宴图》中的晚唐服饰

袄是从襦演变过来的一种短衣，比襦长，比袍短，最长可到人的胯部。一般使用质地比较厚实的织物制成，因此很适合在秋冬穿。

袄的样式大多以大襟窄袖为主，当然，也有一些对襟的款式，袖子有长袖和短袖之分。人们把有内衬的袄叫作"夹袄"。冬天寒冷的时候，如果里面填充棉絮，那么人们就称之为"棉袄"。袄最早出现的时间大概在魏晋南北朝时期，作为北人燕服存在，后来在隋唐时期传到中原地区，并广为流传。男女都可以穿袄，除了重要的朝会等场合，平时的生活中都可以穿。

　　综合上面的内容来看，原来在隋唐时期，人们已经发明了应对春、夏、秋、冬四季的不同衣服，款式和颜色都有了明确规定。虽然没有现代那么自由，但是相对来说已经较之前有了很大的进步。

二、隋唐男子的官服怎么区分

我们经常能在电视剧中看到许多穿着古代官服的人。其实我们仔细观察，就会发现在不同的朝代，官服的样式是不一样的。那么隋唐时期的官服又是什么样子的呢？

在中国古代，官服一直是政治的一部分，既代表了个人的身份地位，又代表着权力的高低。统治者将服饰划分为几个等级，制定出相应的制度，来维护自己的统治地位。

隋唐时期，我国的封建社会进入顶峰，官僚结构的发展得到强化，直接影响了当时官服的演变。尤其在唐朝，官服的制度更加完备、系统。

公元 589 年，隋文帝杨坚统一了中国，结束南北朝的分裂局面。为了休养生息、恢复经济，隋文帝厉行节俭，衣着十分简朴，不太重视服装上的等级尊卑。但是到了隋炀帝继位时，为了彰显皇帝的尊贵，秦汉时期的服饰制度被重新启用。

隋炀帝时期，将冕服改为九章，将日、月两种图案置于两肩的位置，将星辰图案放置到背后，自此"肩挑日月，背负星辰"就成了后世历代皇帝冕服的固定样式。隋炀帝会根据不同的场合佩戴不同的冠，也就是我们今天说的帽子，比如通天冠、远游冠、皮弁等。他戴的皮弁有十二颗珠子，并规定根据皮弁上珠子的多少界定官员等级的高低。

文武百官的官服都是绛纱单衣、白纱中单、绛纱蔽膝、白袜乌靴的装扮，并且在他们官服单衣内襟的领子上，要有半圆形的硬衬，这就是所谓的"雍领"。

到了唐代，皇帝的服饰种类繁多，"冠"就有大裘冕、通天冠、翼善冠等14种之多，在不同的场合，皇帝会穿着不同的服饰。

官员们平时穿的常服以圆领的袍衫为主，一般都是用有暗花的细麻布制成的，在领子、袖口、衣襟处更添加有缘边，并会在下摆处靠近膝盖的位置添加一道横襕，这代表着不忘上衣下裳的祖制。

而发展到武则天时期，官服出现了一种新的形式，那就是在不同职别等级官员的袍服上绣上不同图案。所以这个时期，文官的袍服上通常绣上飞禽，显示文雅气质；而武官则在袍服上绣上走兽，彰显勇猛气势。

据统计，唐代群臣的服饰能达到 20 多种。

一品官服为衮冕，冕有九旒，青衣纁裳，绣有九章纹，以金玉饰剑镖首。

二品官服为鷩冕，冕有八旒，青衣纁裳，绣有七章纹，银装剑。

三品官服为毳冕，冕有七旒，衣裳绣有五章纹，佩金饰剑。

四品官服为绨冕，冕有六旒，衣裳绣有三章纹，佩金饰剑。

五品官服为玄冕，冕有五旒，青衣纁裳。

由此，我们可以得出结论：在唐代，官员的地位越高，冕旒越多，官服上的章纹也越复杂，佩剑的质地也越好。

除了上述官服之外，唐朝还有专用于军队将士穿的戎装。唐代的将帅会在袍服上绣上雄狮、老虎、雄鹰等象征勇猛的图案，并佩戴武冠。

关于官服的制作用料，五品以上的官员官服，用细绫以及罗制成；六品以下的官员官服，用小绫制成。在颜色上，三品以上的官员官服为紫色，五品以上为绯色，七品以上为绿色，九品以上为碧色。

　　纵观整个隋唐时期官服的发展和演变，可见官服对当时的社会和政治制度有很大的影响。人们可以通过不同官服的图案、花纹、颜色等，轻易分辨出官员的等级，这种服饰制度一直流传影响着后世各朝各代官服制度的制定。

　　这些等级分明的官服，作为中国传统服饰文化中的重要方面，值得我们去了解、学习。

三、隋唐男子穿什么裤子

我们前面已经了解了一些关于古代裤子的知识，那么随着时代发展，到了隋唐时期，男子的裤子又有了哪些变化呢？

隋唐时期，裤子也被称作"袴"，那个时期裤子的种类已经比较多了。男子穿的裤子，除了规定中的官服"白布大口袴""豹文大口袴"等形制，还有单裤、复裤、短裤和裈等。

单裤就是指没有夹层的裤子，常在夏天穿着，比较舒适，凉爽透气。

复裤就是指有夹层的棉裤，常在冬天穿着，具有一定的保暖性。

而裈就是一种满裆的内裤，形制类似今天的三角内裤，常穿在袍、衫等外衣之下，一般被列在"亵服"之内。《证俗文》第二卷中记载："古人皆先著裈而后施袴于外。"除此之外，对于裤的形制的史料记载不多，但是我们可以从考古出土的实物中进行了解。从目前出土的一些墓葬实物来看，当时人们穿的裤都是中大腰口、大裆的裤子。

袴褶服源于胡服，在魏晋时期比较流行，到了隋代已经普遍为大众所接受。隋朝时期还有官员穿着魏晋南北朝时期的袴褶服随驾，唐代初年也是可以穿朱衣、大口袴入朝的，但是到了贞元十五年（799 年），就因为袴褶服并非是古礼而被禁止了。

另外，由于唐代的丝绸纺织工艺非常发达，所以对于裤子所用的面料非常讲究，由此出现了布裤、纱裤、罗裤、绸裤等裤子。

在唐代，裤子的颜色一般偏向白色，一些白花罗裤甚至被列为地方的贡品。

唐代诗人元稹在白居易被贬为九江司马的时候，为他寄去了绿丝布和白轻裕（róng），后来白居易用他寄来的布料做了一身衣服，其中就有白轻裕做成的白裤子。白居易为了答谢元稹的帮助，写下诗句"袴花白似秋云薄，衫色青于春草浓"。

由此看来，隋唐时期，人们对于裤子的发展整体是基于前代的，只是在用料上更加细致和讲究，比之同时期女子的裙装样式、花纹等，显得有些简单。

四、隋唐百姓衣服颜色也有规定

在穿衣十分自由的现代，我们的服装更讲究颜色的搭配，不同的颜色可以体现出不同的风格。但是隋唐时期的古人却不能这样随意穿着，只能穿规定的颜色，你知道这是为什么吗？

我们现在穿的服饰不仅款式五花八门，颜色也是多姿多彩，除了简单的红、黄、蓝、绿、黑、白等颜色外，还有淡粉色、藕荷色、浅黑色、薄荷绿、天空蓝等细致的划分，我们可以根据自己的喜好随意搭配。但是在遥远的隋唐时期，这是一件根本不可能的事情。这是因为隋唐时期，统治者把服饰作为维护尊卑有别的社会秩序的一种手段，对服饰的颜色有着明确的等级规定。

隋炀帝时期，胥吏穿青色，平民百姓穿白色，屠夫、商贾穿黑色，士兵等穿黄色。而到了唐代又规定，庶人平民"丈夫许通服黄白"。

由此我们可以看出，隋唐的读书人在没有取得功名、走上仕途之前，都是要穿白色的衣服的，这也就是俗称的"白衣""白身"。我们从很多电视剧中都能看到主人公推托某件事情，就自称"我乃一介白衣，如何能做得了主……"。

在徐凝的《自鄂渚至河南将归江外留辞侍郎》中有"欲别朱门泪先尽，白头游子白身归"，感叹自己人生的不顺，漫游一生归来还是白身。而《唐摭（zhí）言》中也记载了宋济在科举考试时屡试不中，有人就讥笑他："白袍何纷纷？"宋济回应他"为朱袍、紫袍纷纷耳"。这就说明当时的读书人在做官之前都是穿白色常服的，而一旦高中做官之后就可以换成绯色、紫色的官袍了。

白居易和元稹等不少诗人都曾在诗中多次描写自己头戴白帽、身着白衣的形象。这里描写的是他们休闲时穿的常服便装。身为官员却着白衣，代表的是他们追求像魏晋名士一样的高洁情趣，脱去朝服之后就像平民百姓一样，和白衣的士人相同。

除了白色之外，黄色也是平民百姓常穿的颜色。唐代规定流外的官员、庶民、里胥"皆著黄衣"，而部曲、宫女、奴婢等"通用黄白"，这里的部曲指的就是比宫女等级稍微高一点儿的女官。可能有人会比较疑惑，黄色不是古代皇家的专属颜色吗？平民怎么可以穿？其实，庶民所穿的黄色，是指土黄色，而不是皇家专用的明黄或者赤黄色。也由此，就有了将流外官员以及无品级的士子参选入官称为"黄衣入选"的说法。

后来发生了"洛阳县尉柳延服黄夜行，为部人所殴"的恶性事件，皇上听闻后觉得是服饰制度太过混乱导致的，所以下令"朝参行列，一切不得著黄也"。自此官员朝参时不可以穿黄色。这与隋朝百官"皆著黄袍，出入殿省"的情况完全相反。

社会最底层的奴仆婢女等，最常穿的衣服颜色是青色。男性家奴都是用青色的布包裹头部的，所以称"苍头"。柳宗元就曾经自嘲他的文章是"想令苍头吟讽之也"。唐代客女和奴婢的衣服颜色为"青碧"色，所以白居易就曾在《懒放》中写道"青衣报平旦，呼我起盥栉"，这里用"青衣"来代指婢女。类似这种婢女穿青衣的记载很多，因此后世常用"青衣"来称呼婢女。

隋唐时期对百姓的服色进行了严格规定，从人们身上的衣服颜色，就能看出他们各自的身份。这无疑是隋唐时期统治者利用服色制度维持统治的一种体现，在某种程度上来说，也是对人们的一种禁锢。

五、隋唐女装之绚丽多彩的裙装

随着近些年隋唐时期古装题材电影、电视剧的热播，我们不难从中想象到当年的繁华景象。其中最为人们津津乐道、引起广大观众兴趣的就要数绚烂多姿的女装了，各式各样的裙子看得我们眼花缭乱。今天就让我们一起感受一下隋唐女装的裙装之美！

在中国古代，裙属于"裳"的一种，无论男女都可以穿。但是随着时代的发展，到了隋唐时期，裙逐渐成为女性专属的服饰，男性穿裙的情况已经很少见了。

裙有长裙和短裙之分，其中长裙又分为拖地长裙和着地褶裙两种。长裙一般作为女子的礼服出现。在祭祀典礼、受封或者侍奉长辈时都要穿长裙，借以表示庄重和对长辈的尊重，通常外出时也要穿长裙。

隋唐时期，长裙比较流行裙腰高达胸部，可以着地或者拖地，这样穿起来，不仅能显得裙子又长又漂亮，还能让人的身材显得修长。这种长裙形制上大多是上紧下宽的样式，下端多褶皱，并且比较费布料，需要用几幅布帛连起来缝制。根据《事物纪原》中长裙的《实录》记载："隋炀帝作长裙十二破，名仙裙。"这里的"破"指的就是裙子的褶皱层数，褶皱越多越费布料。

唐朝初期，皇帝吸取前朝灭亡的经验教训，崇尚节俭，规定"流外及庶人不得著绸、绫、罗、縠、五色线靴、履，凡裥色衣不过十二破，泽色衣不过六破"。所以为了避免裙褶太多，浪费布料，那时的裙褶都比较少而且比较瘦。虽然后来的唐高宗、唐玄宗也发出过类似提倡节俭、禁止奢靡服饰的禁令，但是收效甚微。

根据规定，女子的裙子大多数应该是六幅布帛，但是唐代以肥胖为美，因此贵妇人也有用七八幅布帛的。后来随着经济发展，奢侈之风盛行，又肥又宽大的拖地长裙成为时尚。这种拖地长裙能宽大到什么地步呢？《开元天宝遗事》记载，有仕女曾在外出踏春郊游时悬挂这种裙子作为帷帐，这该是多么宽大啊！

唐代仕女裙子的颜色也有很多种类，比如红、紫、绿、青、黄等。她们追求绚丽明亮的色彩，对于裙子上的图案和花纹也非常看重。就颜色花饰来讲，红色石榴裙是最为流行的款式，诗文中对这种红裙的描写也非常多，比如武则天的"开箱验取石榴裙"，万楚的"眉黛夺将萱草色，红裙妒杀石榴花"等。

随着唐代的丝绸纺织工艺不断成熟，人们对服装的花色和制作水平等有了更高的要求。尤其是对爱美的仕女们来说，裙子是最能展现她们风姿的服饰，因此裙子的花色、品种多种多样，而且用料也非常有讲究。当然，因为贫富阶级差距，不同人家的女子穿戴打扮是不同的。普通百姓中的贫民女子一般"荆钗布裙"，

《虢国夫人游春图》中的女性服饰

家境富裕人家的女子就穿绸裙、纱裙、罗裙、绫裙、石榴裙等，王公贵族的女子则穿金泥簇蝶裙、百鸟毛裙、金丝绣裙等。

这里面最奇特、最巧夺天工的裙子要数百鸟毛裙了，光听名字就知道是用上百种鸟毛制成的。相传这种裙子，从正面看是一种颜色，从侧面看是一种颜色，在太阳下是一种颜色，在阴影中是一种颜色，百鸟的样子在其中都能

看得出来。说到这里就不得不佩服古人的技艺高超，让人叹为观止。由此唐代还刮起了一阵"毛裙热"，人们纷纷效仿，"奇禽异兽毛羽采之殆尽"，这种热情足以证明这种裙子在民间的流行和当时奢靡之风的盛行。

经过以上介绍，我们可以看出唐代女性对于美有着极高的追求，裙装的优雅、修长和飘逸对后世裙装的演变有着重要影响，对我们提升中华传统服饰文化的认识有着深远的历史意义。

六、隋唐女装之仙气飘飘的披帛

　　大家都知道，在我们穿着汉服时，经常需要佩戴一些美丽的配饰。那么除了头饰、耳饰、手饰之外，还需要戴什么呢？那当然就是仙气飘飘的披帛啦！

　　披帛是中国古代女子服饰上的一种配饰，是一种轻薄的布料丝织品。

　　"帔"产生于秦汉时期，是指搭在两肩或者背上的帛巾，《释名·释衣服》中解释："帔，披也，披之肩背不及下也。"宋代的陈元靓在《事林广记》中记载："三代无帔，秦时有披帛，以缣帛为之，汉即以罗，晋制绛晕帔子。"由此可见最初帔是使用缣帛制成的，所以也被称为"披帛"或者"帔帛"。

　　在隋唐时期，帔有两种形式，分别是搭帔帛和较短的披子。

　　搭帔帛，就是指用比较长的、轻薄的绫罗披绕在肩背之上，然后两端绕臂，悬在胸前或者捧在胸前，放开时长度可以到膝盖。这种披长帛在当时非常流行，许多女性纷纷效仿，但是由于披长帛太长而不太方便行动，所以一般人们只在室内或者去参加宴会时穿着。我们从敦煌的壁画、一些唐代墓穴的壁画和出土的唐三彩仕女俑上都可以看到穿着披长帛的仕女形象，尤其在周昉的《簪花仕女图》和张萱的《捣练图》中，仕女和捣练劳动的女子都是将披长帛披在肩膀上，或者是缠绕在手臂上，给女子的身形带来些许飘逸之感。

　　较短的披子，是披于肩膀，然后在胸前系住的。由于较短，行动起来很方便，因此外出或者乘坐马车时经常穿这种披子。这种披子有点类似我们现在的坎肩。《开元天宝遗事十种》中，就记载了虢国夫人去韦嗣立家夺宅子时的场景，"韦氏诸子方午偃息于堂庑间，忽见妇人衣黄罗帔衫，降自步辇。有侍婢数十人，笑语自若"，这里虢国夫人穿的就是"黄罗帔衫"。

　　对于两种"帔"的不同，

《簪花仕女图》中的搭帔帛

《事物纪原》中有明确记载："唐制，士庶女子，在室披帛，出适披帔子。"

受唐代开放的社会风气影响，自信开放的唐代女子大都崇尚服饰上的华丽精致，甚至唐玄宗也曾下诏令：工行二十七世妇和宝林、御女、良人在随侍和参加后宫宴会时，都必须身披绣有图案的披帛。并且宫女们在端午节，也要披上较为华丽的披帛，这种披帛被称为奉圣巾或者续寿巾。

唐代女子为了使自己的服装更加富有艺术魅力，不管是外出还是行走间都会在肩膀或者手臂上披上"帔子"，既能起到遮风暖背的作用，还更具美感，摇曳间好似仙女下凡。

披帛站立时自然下垂，沉静如水，走动时随风飘扬，飘逸舒展，动静相得益彰。它不仅仅是为了实用才出现，更多的是为了营造生动婀娜的外在形象。可惜随着时代的发展，披帛逐渐在历史的长河中泯灭了，如今我们也只能通过敦煌的飞天壁画、古墓中出土的陶俑等欣赏披帛的飘逸、浪漫了。

七、隋唐女装之衫与襦

在之前我们了解了古人上衣的形制，且简单地
介绍了先秦时期的襦，那么你知道发展到隋唐时期，
女装的上衣又有什么新变化吗？

衫和襦都是短上衣的一种，是隋唐时期女装最常
见的服装。

"衫"指单层的短上衣，一般是由布或者帛制成，质
地非常好，并且比较轻薄，穿起来非常清爽，"紫罗衫
子""红罗衫子""薄罗衫""绫罗衫"等都是唐代常见
的衫。

"襦"指有夹层的短上衣，一般长度只到腰间，通常
到腰的部分会被收扎在裙线之下。有的襦是夹棉的，非常
厚实和暖和。人们常在襦的外面加套"半臂""背心"等
服饰。

襦的领口又分为交领和对襟两种形式。交领的襦衣领

口形状类似字母"y"，右襟在内左襟在外，并且左襟在右腰处收紧。而对襟襦衣则完全不同，是两边的衣襟左右对称，在腰部的正中央收紧，中间空出的地方会露出衣服里面的交领里衣或者抹胸。

唐朝初期的衫和襦都比较短小，衣袖比较窄，而到了盛唐以后，衫和襦就开始变得宽大起来，甚至有的衣袖到了四尺多宽。当然也不尽是如此。为了方便劳作，民间底层女子仍多穿窄袖的襦、衫，而上层贵族女子是方便的窄袖襦衫和华丽飘逸的宽袖襦衫并用。

唐朝时有一种"大袖衫"，本来是魏晋时期的男装，但是到了唐代就代指女子特宽的大袖礼服。一般穿在普通的中衣外面，或披或系。这类衫裙系在胸前，完美地凸显了唐代女子丰腴曼妙的身姿。在外面披上薄如蝉翼的大袖衫，整个人显得优雅又大气，飘然若仙。

中晚唐时期，一般女子的服饰袖宽都到了四尺以上，典型的就是当时有一种"花钗大袖"。这种袖衫是中晚唐时期贵族的礼服，一般在重要的场合穿着，比如朝参、礼见或者出嫁等。穿着时，女子还会在头发上戴金翠花钿作为装饰。

晚唐时期，为了减少这种夸张的现象，唐文宗还特地下诏令，限制襦袖不能超过一尺五。这个诏令虽然下了，但是人们有很多怨言，官员们实际执行起来也十分困难。

衫和襦的颜色有红、黄、绿、青、白等多种，但是以红色居多。襦上一般会绣多种花纹图案，"连枝花样绣罗襦""绣襦""锦襦"等都是诗文中记载较多的图案。

衫和襦作为唐代各个阶层都常穿的服饰，在许多诗人的诗句中都有描述，比如元稹的诗句"藕丝衫子柳花裙"，张祜（hù）的诗句"鸳鸯锦带抛何处，孔雀罗衫付阿谁"，欧阳炯的诗句"红袖女郎相引去"，王建的诗句"罗衫叶叶绣重重，金凤银鹅各一丛"等。从这些诗句中我们能够看出唐代女子穿着衫、襦已经非常普遍，并且看起来美不可言。

隋唐时期女子的衫和襦反映了当时人们的审美趣味，由简到繁的服饰图案和逐渐趋于艳丽丰富的色彩向我们展现了当时手工业的发达和经济文化的高度繁荣，在之后很长一段时间内影响着后世女子服饰的发展。

八、胡服风尚风靡一时

　　隋唐时期的经济、政治、文化发展十分繁荣，将灿烂的中华文明传播四海，特别是大唐盛世，万国来朝，更是将文化融合推向了顶峰。在这个时期，随着民族的不断融合，胡服也渐渐走进了人们的视野，风靡一时。

胡服是古代华夏民族对塞外西方和北方各族胡人所穿服饰的统称。在沈括的《梦溪笔谈》中记载了对胡服的解释："中国衣冠，自北齐以来，乃全用胡服，窄袖、绯绿、短衣、长靿靴……皆胡服也。"

　　胡服进入中原最早可以追溯到战国时期，赵武灵王和东胡、楼烦作战，为了保住家园，力排众议，引进胡服。后来魏晋南北朝时期，少数民族入主中原，南北民族大迁徙。北魏孝文帝大力推行汉化政策，促进了胡、汉民族文化服饰的大融合。这种融合在唐朝达到了顶峰。

隋代及唐代的初期，北方游牧民族的胡服主要在男子和军中流行，因为其短衣齐膝的形制十分适合行军打仗。

典型的胡服一般衣长齐膝，裤子紧窄，腰束郭洛带，用带钩，脚穿革靴。因为肩臂、腰身紧贴，故而活动十分便利，方便骑射和游牧活动，比之当时的宽大汉服更适合作为军旅、狩猎时的着装。常见的胡服有圆领袍、曳撒等服饰。

到了唐玄宗开元天宝年间，胡服已经广泛流行于各个阶层的女子中。《新唐书》记载："天宝初，贵族及士民好为胡服胡帽，妇人则簪步摇钗，衿袖窄小。"自此胡服胡帽成为和平盛世人们竞相追逐的新奇服饰风尚。

正是基于这种风尚，人们开始在传统的服饰中加入胡服的元素，穿胡服、用胡妆的风尚在女子中广为流传。这些女子穿的胡服，多为锦绣帽、窄袖袍、条纹裤、软锦靴等组成，衣服的款式为对襟、翻领、窄袖，在领子、袖口以及衣襟等部位会多制作一道宽阔的锦边。从陕西乾县章怀太子墓、永泰公主墓出土的壁画及新疆吐鲁番阿斯塔那张礼臣墓出土的绢画中都可以看到相应服饰的女子形象。在这些女子的腰间还系有一条革带，革带上缀有很多条小带，这种革带就是南北朝蹀躞（dié xiè）带的遗形。

其实，唐代的胡服之所以能这么流行，很大程度和当时胡舞的盛行有关。在唐代胡舞非常受欢迎，据说唐玄宗、杨贵妃和安禄山都是跳胡舞的好手，比较流行的胡舞种类有"胡旋舞""柘枝舞""胡腾舞"以及唐玄宗所作的"霓裳羽衣舞"等。跳胡舞的歌姬穿戴西域女子的胡服胡帽，直接影响了唐代女子的审美观念，甚至妆容也变为"非华""非汉"的"时世妆"。

安史之乱爆发后，无论是安禄山的叛军还是唐王朝的官兵，都穿着胡服，生活习惯也逐渐胡化。元稹在《法曲》中写道："自从胡骑起烟尘，毛毳腥膻满咸洛。女为胡妇学胡妆，伎进胡音务胡乐。火凤声沉多咽绝，春莺啭罢长萧索。胡音胡骑与胡妆，五十年来竞纷泊。"

后来为了平定安史之乱，收复两京，唐王朝请回鹘出兵，这也就导致后来叛乱平息之后大量的回鹘人涌入长安，使回鹘装进入民间。这是对于社会战乱和动荡时期盛行的胡服的真实写照。

纵观整个胡服的流行趋势，无论是在盛唐时期还是在战乱、社会动荡时期，胡服都在各个阶层流行，对上至达官贵族下至庶民百姓的服饰都产生了很大的影响，并推动唐代服饰发展到了一个鼎盛时期，使之成为古代服饰文化中的一座里程碑。

第五章

宋辽金元
服饰

一、宋代服饰特点及男子便服

随着多姿多彩的唐代逐渐没落，宋代取而代
之。唐代自由奔放的服装形式到了宋代，由于受到
"程朱理学"的影响，变得简洁质朴。

宋于公元960年建立，统一的政治局面为宋代经
济的发展带来生机，随着重文轻武的政策推行，
程朱理学逐渐居于统治地位，对人们的思想产生了很大影
响。在这种影响之下，人们的审美发生了变化，不再崇尚
服装的艳丽和奢华，而是更加崇尚简洁质朴的服装。

在宋代初期，服装的形式较为拘谨保守，样式沿袭唐
代，变化不多，但是颜色远不如前代鲜艳，呈现出一种质
朴、自然之态。宋代无论是王公贵族，还是平民百姓，都
十分喜爱穿着直领的衣服和对襟的褙（bèi）子，既舒适得
体，又显得典雅大方。

宋代男子的常服很有特色，一般穿交领或者圆领的长

袍，做事的时候就将衣服塞到腰带里，服装的颜色以黑白两色为主。在常服上，官员和平常百姓没有什么区别，只是在用色上有着比较明显的规定和限制。据文献记载，由于朝廷内赐佩金银鱼袋的公服是以紫、绯色原料制作，所以一般低级官吏不得乱用，而只可用黑白两种颜色。

宋代男子的常服主要有衣、裳、袍、衫、襦袄、鹤氅（chǎng）、褙子、貉（mò）袖、蓑衣、腹围等，下面对其中部分服饰进行介绍。

宋代的袍，一般比较长，长到脚的位置，有单和夹两种。本来人们将有棉絮的称为袍，又称长襦，而后来有富贵人家用锦做袍，所以就称为锦袍。还有一种材料粗糙并且比较短的袍叫衲（nà）袍。据古书记载："国初仍唐旧制，有官者服皂袍，无官者白袍，庶人布袍。而紫惟施于朝服，非朝服而用紫者，有禁。"也就是说，有官职的人可以穿锦袍，无官职的人要穿白布袍，平民百姓则穿粗布袍。宋代承袭唐代的服制，但是服饰在样式和名称上略有变化。比如唐代的缺胯衫在宋代就叫作"四褛（kuì）衫"，缺胯袍在宋代就叫作"四褛袍"。宋代袍的样式多为圆领右衽，并且有宽袖广身和窄袖紧身两种。

短褐，是一种粗布或者麻布做成的粗糙衣服，又因为衣身比较狭小，且袖子小，所以也叫筒袖襦。褐衣并不像短褐那样又短又窄，一般是由麻或者毛织成的，深受文人隐士等阶层的喜爱，也是道家常穿的衣服之一。

宋代衫的种类有很多，包含凉衫（白衫）、紫衫、襉（jiǎn）衫、毛衫、葛衫等。凉衫是披在外面的，因为是浅白色的，所以又叫作白衫，发展到后来被当作吊唁慰问凶丧的服饰。紫衫原本是戎装，前后开衩，非常适合骑马穿，十分短窄。毛衫和葛衫是用羊毛或者葛麻制成的。

宋太祖穿着便服

襦袄是平民日常穿着的服饰，一般使用布、罗、绸、锦丝或皮制成，颜色多为青、红、枣红、墨绿、鹅黄等。

鹤氅是一种鹤羽或者其他鸟的毛合捻成绒后制成的裘衣，非常贵重。其样式是宽袖大身，直领垂直到地。虽然后来人们用其他织料制作，但是仍然称这种宽大的服饰为鹤氅。

除此之外，宋代还有一种名叫貉袖的冬衣。它的袖子在手肘的位置，长度到腰间，比较短小贴身，适合骑马。

宋代的服饰在继承唐代服饰的基础上，做了更好的融合。无论权贵还是普通百姓，服装都以清雅为主，呈现出典雅的"理性之美"，对后世有很大影响。

二、宋代官服的变革与更新

宋代统治者非常重视恢复汉族的服饰传统，强调"恢尧舜之典，总夏商之礼"，因此整个社会的文化都趋于保守。受程朱理学思想影响，朝廷多次申明服饰要"务从简朴，不得奢侈"，因此官服也发生了变革。

宋代的官服总体可分为朝服和公服。朝服一般用于朝会或者祭祀等重要的场合，而公服则是官员的常服。官服基本沿袭唐代的款式，圆领大袖袍衫，下裙加横襕，腰间束以革带，头戴直角幞头。

皇帝的朝服是通天冠服，仅次于冕服，主要包括云龙纹深红色纱袍、白纱中单、方心曲领、深红色纱裙、金玉带、蔽膝、佩绶、白袜子、黑鞋和通天冠等。

宋代百官的朝服也称具服，是百官上朝时穿着的，样式基本沿袭隋唐时期的形制，只是在脖子上多戴了方心曲领。方心曲领是一种套在脖子上的上圆下方、形状似璎珞锁片的饰物，实际功能主要是为了防止衣领臃起，起一个压贴的作用。

文武百官的朝服样式是统一的，均是以绯色罗袍裙衬以白花罗制的中单衣，在腰间束以大带，再用革带系绯罗的蔽膝，方心曲领，多穿白绫袜黑皮履。六品以上的官员腰间挂玉剑和玉佩，在腰的另一侧挂锦绶，用不同的花纹作为官员品阶地位的区别。在身穿朝服时一般要戴进贤冠、貂蝉冠或獬豸（xiè zhì）冠，并在冠后簪白笔，手中拿笏板。

革带是宋代区分官员职位高低的附属物，一般是由带头、带銙、带鞓和带尾四部分组成。鞓就是皮带，是革带的基础，分为前后两节，前面的一节在末端装有带尾，穿戴的时候带尾要朝下，象征官员对朝廷的忠心和归顺；带身钻有小孔，穿戴时，与后面的一节在两端扣合，和我们现代的腰带类似。后面一节装饰有带銙，我们可以从后背带銙的材质和颜色判断官员的等级。按照规定，皇帝及太子用玉，大臣用金，亲王、勋旧间赐以玉，次则金镀银、犀、银，其下则铜、铁、角、黑玉之类。并且，根据元丰官制，侍从官、给事中以上乃得金带。所以在宋代官员都以能够束金带为荣。

鱼袋，是宋代服饰的重要特征，原本是用来存放鱼

符的袋子。鱼符是一种身份的象征，唐朝的中央官员和地
方官吏通常会用这种长三寸左右的鱼形饰品作为凭证。这
种鱼形饰物通常是由金、银、铜等材料制成，上面会刻有
相应的文字，如姓名、衙门、职位、俸禄等；然后分为两
爿，一爿留在京城中央朝廷，另一爿由地方官吏保存。如
果遇到升迁等事宜，需要用这个作为凭证。当然这种鱼状
的金银饰品还可以作为官员出入殿门、城门的凭证。又因
为鱼的眼睛昼夜不歇，所以这个饰品还有督促官员"常备
不懈"的意思。

在唐代，为了方便五品以上的官员存放鱼符，都会给
他们分发鱼袋。而到宋代，只是将鱼形装饰在袋子上，没
有了鱼符。官员还会在穿上公服时，将鱼袋系在革带上，
放在身后，用来明尊卑别贵贱。根据规定，凡是能够穿紫
色、绯色公服的官员都可以佩戴金、银装饰的鱼袋。如果
官职比较低不够佩戴鱼袋资格，但是遇到类似出使他国等
特殊情况，就必须先赐予他们紫或者绯服，然后再给予金
涂银鱼袋，这种行为在当时被称为"借紫"或者"借绯"。

纵观宋代官服的发展，可知其在隋唐服制的基础上，
进行了一定程度的简化，体现了其独特的艺术风格。这种
独特简约的"理性之美"成为我国传统服饰文化中特别的
一部分，在中华传统服饰发展中绽放出不同的美丽。

三、宋代服饰之褙子

　　"香墨弯弯画，燕脂淡淡匀。揉蓝衫子杏黄裙。独倚玉阑无语，点檀唇。"我们常能在电视剧中看到宋代的女子行走间衣袂飘飘，摇曳生姿，整个人都显得修长窈窕，那么大家知道她们穿的是什么吗？

　　褙子，又名背子、绰子，是宋代十分流行且具有代表性的服饰之一。它是由隋唐时期就已经非常流行的半臂和中单演变而来的，男女皆可穿。男子上至皇帝、大臣，下至商贾、侍卫等，女子从后宫皇妃、宫女，到一般平民女子都可穿。

　　宋代的褙子为长袖、长衣身，领型有直领对襟式、斜领交襟式、盘领交襟式三种，大多为直领对襟式。只有在男子公服的里面才会穿斜领和盘领两种样式的褙子，一般女子都穿直领对襟的褙子。

褙子在腋下的位置开胯，也就是说衣服的前后两襟并不缝合，而是在腋下和背后的位置分别缀有带子。虽然腋下的两个带子可以将前后的两片衣襟系住，但是宋代人并不系结，而是垂挂着，作为装饰用。

褙子的长度一般过膝，袖口和衣服各片的边都有缘边，多为植物花卉的纹样，颜色以淡雅为主，多为淡青、墨绿、葱白等素雅的颜色。衣服的下摆十分窄细，和以往的衫、袍不同，褙子的两侧开衩比较高，行走间衣摆随着身体摆动，十分动人。

穿着褙子时，通常用勒帛在腰间系束，逐渐成为后世女子的一种常礼服。时代不同，褙子的形制随之发生变化。宋代女子穿的褙子，在初期比较短小，后来才逐渐加长，形成袖大于衫，长度与裙子齐平的样式。

穿着褙子后女子的下身显得非常瘦小，甚至整体看来呈楔子形状，这种以细小瘦弱为美的独特风格，和当时的审美有很大关系。唐代女子以胖为美，脸圆体丰、肆意潇洒的女子比比皆是。受开放的民风影响，她们甚至可以穿男装，出门骑马踏青。然而宋代程朱理学影响甚大，当时女子受到的封建礼教束缚更为严重。尤其是和唐代相比，女子不但不能随意出门，不能参与社交，还要受到男子的控制，沦为男子的依附品。正是因为这个社会背景，使得当时的女子以瘦小、弱不禁风、病弱为美，褙子的出现恰好满足了她们的需要。

女子穿上褙子之后的体态，加上高高竖起的发髻，窄肩、细腰、瘦腿、小脚，整体看上去细长，上大下小，更是加重了那种瘦弱如扶柳的感觉。

古画中穿褙子的女性

服饰按照规定存在差别是宋代女子服饰的重要特征之一。褙子的样式虽然大同小异，但是颜色却有不同，《宋史·舆服志》就记载了宋代后妃的"常服"中"褙子、生色领皆用绛罗，盖与臣下不异"。由此可以得知后妃的褙子是绛色的。而在《师友谈记》中则记载京中的贵妇穿着黄色或者红色的褙子。

褙子的出现是符合当时社会恢复传统、讲求伦理的社会背景的，以其随身合体、优雅大方的形制凸显女子身形的纤细修长，既表现出了朴素的理性美，又给人以清婉明丽、曼妙动人之感，使人产生无限美妙的遐想，仿佛也将我们带回了宋代，感受那别样的风情。

四、古代女子内衣发展史

"女乃弛其上服，表其亵衣，皓体呈露，弱骨丰肌。"这是西汉时期文学家司马相如在《美人赋》中对身着亵衣女子的描绘。在中国古代，亵衣不仅仅是贴身的服饰，还是闺中女子女红绣技的竞技场。

在中国古代，内衣最早被称为"亵衣"。"亵"字的意思是"轻薄、不庄重"，由这个名字，我们就能看出古人对内衣的心态。

在《礼记·檀弓下》中就记载了这样一个故事：季康子的母亲去世了，在为她陈列入殓所用的衣物时，把亵衣也列出来了，于是他的祖母敬姜就说"妇人不饰，不敢见舅姑。将有四方之宾来，亵衣何为陈于斯"，意思是，妇人不打扮，都不敢见公婆，更何况现在是外面的客人要来到这里，怎么能把内衣也陈列在这里呢？于是就下令让人撤去了内衣。从这段记载中不难看出，当时的妇女在去世之后，是需要准备亵衣入殓的，但是这种内衣大多是不能见外人的，所以不能在大庭广众之下显露。

亵衣主要款式都是通过在腰、胸、肩膀等位置分别系带子，以达到不同的修身塑形效果，通常在袋口的拼接处，必须绣上小幅的图案来遮挡住线的结点，以保持画面的完整性。别看这亵衣只有小小的一块布，但是实际上它的制作汇聚了绣、缝、贴、补、缀、盘、滚等几十种工艺。

亵衣在不同的朝代有着不同的款式和形状。

秦汉时期人们已经开始追求服饰的精美，此时的亵衣款式有多种形制，比较常见的女性内衣就是帕腹、抱腹和心衣。帕腹就是在腹部简单地横裹上一块布帕，而抱腹就是在帕腹的基础上加上带子，在穿着时将其紧紧地包裹在腹部。至于心衣就是将抱腹上端的细带子改为"钩肩"及"裆"使用。心衣和抱腹两者的共同特点就是背部袒露没有后片。在用料上，汉代内衣通常使用的是平织绢，上面多用各种颜色的丝线绣出不同的花纹图案，并且多为爱情主题，这个时期用素色面料制作内衣的情况并不多见。

东汉末年，"裲（liǎng）裆"（亦作"两裆"）作为内衣出现。制式为前后各一片布帛，在肩部有两条带子相连，无领，腰间以带子系扎。它既有前片，也有后片，既可以挡胸又可挡背，所以称之为"两裆"。两裆的制作材料多为手感比较厚实且色彩比较丰富的织锦，双层设计，内里有衬棉。最初两裆专用于内衣，后来，许多女子也会在外出时穿着，为后来人们发明背心打下了基础。

唐代民风开放，女子以胖为美，喜好穿"半露胸式裙装"，将裙子高束在胸际然后在胸下部系一阔带。这种穿着打扮就注定了她们没办法像前朝女子一样穿有吊带的"心衣"，于是唐代的女子发明了没带子并且侧开合的内衣，也就是"诃（hè）子"。诃子的常用面料为硬挺、略有弹性、手感厚实的"织成"，穿着时在胸下扎束两根带子即可。

宋代，女子有束胸的习惯，因此出现了"抹胸"。抹胸在上端及腰间各有带子可系，上面的长度可以覆盖胸部，下面可遮盖到腹部，使得整个胸腹全被掩住，因而又称"抹肚"。平民百姓一般用棉制抹胸，俗称土布，而贵族人家则用丝质抹胸，并在上面绣上花卉。

元代，女子的内衣为"合欢襟"，穿戴时由后及前，在胸前用一排扣子系合，或者用绳带系束，一般用织锦制作。

明代，女子内衣为"主腰"，外形上看和背心相似，属于开襟的样式，在两襟处分别缀有三条襟带，肩部有裆，裆上有带，腰侧还各有系带。当女子将所有襟带系紧后，会有明显的收腰效果，将身材凸显得淋漓尽致。

清代，女子的内衣就是我们常在电视剧中见的"肚兜"了。一般是做成菱形，上端有两条带子，穿着的时候在脖子后面系结，左右两角也有带子，在背后系结，最下面的一角正好能够遮住肚子。肚兜多采用棉和丝绸制成，系束的带子并不限于用绳，富贵人家的女子多用金链，中等人家用银链或者铜链，平民之家用红色的丝绢。肚兜上常有精美刺绣，且颜色多为红色。

纵观整个古代内衣的发展历程，可见女子们在内衣上使尽了浑身解数，从图案到颜色，无一不承载着古代女子对美的认知和对生活的期许，充分体现了中国古代女子内衣文化的深邃广博。

五、辽代服饰

在武侠小说中，金庸先生的武侠小说占据着重要地位，其中《天龙八部》这部长篇小说就是以宋哲宗时代为背景，描写宋、辽、大理、西夏、吐蕃等王国之间的武林恩怨和民族矛盾，其中多次出现了辽代的服饰。

公元 907 年，耶律阿保机在北方地区建立了辽，国号为"契丹"，是与北宋同一时代的地方政权。

当时，辽国的各部族人民大多生活在寒冷的北方。在相当长的时间里，"食肉衣皮"是他们整个民族共有的意识习惯。这里所谓的"衣皮"是指那些以游牧、狩猎为生的民族大多利用动物的皮毛作为原料，将其制成简单又可以遮挡身体、御寒保暖的衣服。至于用什么动物皮毛做衣服，全因地制宜，没有固定。比如有的契丹部落有"戴猪服豕"的记载，也就是养猪、吃猪肉，然后穿猪皮制成的衣服。当时人们对于动物皮毛还是很挑剔的，要观其成色好坏。

后来随着社会发展，经济不断改善，民族之间融合的速度加快，辽国的尊卑等级划分越来越明显，服饰也出现了汉番之分、贫贱高低之别。人们开始学会利用较好的原料，例如丝、麻、布等做衣服，还懂得运用色彩、样式和装饰品使服饰变得更加美观。

这个时期，很多辽人已习惯穿汉服。辽太后和契丹族的官员穿契丹的"国服"，而辽主和汉人的官员穿汉服。但是辽的大部分地区都保留了本民族的服饰特点，一般由冠帽、袍、裤、靴等组成，带有很明显的游牧民族特色，属于胡服。

辽国的服饰多为长袍，男女都一样，上下同制。男子服饰多紧袖窄袍，这种服装样式有利于骑射。袍一般分为左衽和对衽，其中左衽居多，长度一般超过膝盖，这和当时北方寒冷的气候有关。袍上有疙瘩式纽襻（pàn），袍带于胸前系结，然后下垂至膝。有时也在外面加上衣襕，腰间配有束带，脚上穿着长靴。

辽国男子身上的束带多有讲究，一般的束带主要是为了使窄袍能够贴身，方便起居行动，后来就发展成了装饰性较强的腰带。当时最具民族特色的腰带就是"蹀躞带"，这是游牧民族男子身上一种集装饰和实用功效于一体的腰佩。后来在辽墓出土的蹀躞带还发现了用金、玉、水晶等进行装饰的，除了实际功用之外还显示了主人的身份地位。

辽国女子的服饰以衫、裙、袍、带为主，一般穿窄袖交领的袍衫，多为左衽，裙子的长度与脚背齐平，非常宽大，前面长拂地，后面长拖地，不裹足，穿靴子。从河北宣化出土的辽墓壁画中，我们可以看到女子穿紧袖交领左衽衫、百褶长裙，或者穿紧袖直领衫搭配百褶长裙。贵族服装多为锦袍，重要场合穿着朝服。

不同人的身份高低，可以从他所穿的窄袍颜色、面料以及身上的配饰进行区分。《辽史·仪卫志二》中的"国服目"详细记载了当时较为常见的常服、便服和田猎服。比如辽帝在接见高丽来的使者时，群臣穿着的便服就是绿花窄袍的"盘裹"，地位尊贵者"披貂裘，以紫黑色为贵，青次之。又有银鼠，尤洁白。贱者貉毛、羊、鼠、沙狐裘"。蕃汉诸司使以上的官员戎装都是黑绿色的左衽窄袍。

从上述的描述中，我们可以看出，当时人们对于服饰颜色的取舍已经有了明显的地位差别。在比较正式隆重的场合，身份高贵的人穿紫色窄袍，地位稍次的人穿绿色或者绿中带红。

　　辽代的服饰具有鲜明的民族特色，在注重实用性的基础上，更加追求美观，通过配饰和服饰的颜色来彰显地位的高低。随着时间发展，它对同时期的汉民族服饰产生了影响，是我们研究中华传统民族服饰文化必不可少的资料。

六、金代服饰

随着金代齐国王墓的发掘，金代的服饰开始进入我们的视线，为我们展示了绚烂多彩的金代服饰文化。

金朝是中国历史上由女真族建立的封建王朝，它的寿命比起之前的朝代可以说是比较短了，只有 120 年。但在这短短的 120 年间，女真族的服饰文化也发生了不少变化。

女真族早期生活在寒冷的北方地区，有着和其他北方民族一样的"食肉衣皮"的习惯。根据文献记载，女真族"多皮衣"，尤其是在冬天"以厚毛为衣，非入屋不撤，稍薄则堕指裂肤"。由于气候的寒冷，用动物的皮毛御寒对女真族来说很重要。

在长期的生活实践中，女真族渐渐学会鉴别皮毛的优劣，和辽国的契丹人一样，对皮毛很是挑剔讲究。史料中记载："妇人以羔皮帽为饰，至直十数千，敌三大羊之价。""不贵貂鼠，以其见日及火则剥落五色也。"从这两个描述中，我们不难推断出小羔羊的皮毛不仅柔软光滑，还能起到很好的装饰作用，非常受有地位的妇女喜欢，拥有很高的价位。

虽然女真族人的服饰以皮毛为材料的比较多，但是随着金朝的建立，社会发展起来，使得不同身份地位的人对衣服的料子和饰品有了不同的要求，总结下来就是"富者以珠玉为饰，衣黑裘、细布、貂鼠、青鼠、狐貉之衣；贫者衣牛马、猪羊、猫犬、鱼蛇之皮"。

随着政权的稳定，受宋、辽等习俗的影响，金朝的服饰制度还是参照了宋、辽的典章制度，在服饰上有了一定的规范和新内容。

金国男子的服饰主要有带、巾、盘领衣以及乌皮靴四种；其束带曰吐鹘（hú）。衣服的颜色主要是白色和黑色，其主要样式为"窄袖、盘领、缝腋，下为襞（bì）积，而不缺袴"。这里"缝腋"就是指古代儒生常穿的衣服样式，"襞积"原本的意思是衣裙上的褶皱，有装饰之用。此外，在服饰的不同部位会有衣饰花纹，不同的季节纹饰不一样，"其胸臆肩袖，或饰以金绣，其从春水之服则多鹘捕鹅，杂花卉之饰。其从秋山之服则以熊鹿山林为文"。

金国女子的服饰有年龄的差别，与男子的服饰相比，更多地保留着自己的民族特色。女真族的女子服饰上装多为无领的袄，下装为裳和裙。裙还有长短之分，短裙有较好的装饰作用；长裙比较特别，需要先做一个铁圈，然后把长裙罩在上面，这样裙子就稍微离开身体，不但行走方便，还显得体态婀娜。

已婚妇女的裙衫都以深色为主色调，一般都采用黑、紫等颜色。而进入适婚年龄或者已经定亲的女子，她们的裙衫则采用比较明亮夺目的颜色，比如红色、银褐色、金色等。从样式上看，已婚和未婚女子的服饰都以裙装为主，二者的区别主要在颜色、衣领、衣襟开片的位置和裙装的长短上，未婚女子裙装长度比已婚女子长度短五寸。

后期随着金朝疆域的扩大，政权逐渐稳定，金人的服饰受宋、辽服饰影响更深，更多地吸收了汉人和契丹人服饰的特色，这些变化能从已出土的金墓中的彩色壁画、画像石、雕砖俑等看出来。西北壁画中两个仕女像形象地表明那时女子的服饰总体上已经汉化，和唐宋女子的服饰差别不大。

　　正是因为这种民族的融合，才使得金朝的服饰文化如此绚烂多彩，成为中华传统服饰文化中宝贵的财富。

七、元代服饰之质孙服

　　元朝广阔的疆域、多种文化的融合以及频繁的国际交流，使得元代的服饰不但带有鲜明的游牧民族特色，并且在材质、工艺等方面都远超前代。通过与欧洲的接触，元代的服饰一直走在"国际时尚"的前沿，这里要给大家介绍的就是元代最具特色的宫廷服装——质孙服。

　　质孙服是元朝宫廷里面最有特色的服饰。在蒙古语中，"质孙"又叫作"只孙""济逊""直逊"等，就是颜色华丽的意思。据史料记载，元世祖忽必烈每年都会在上都的西城举办隆重的赐服仪式，也就是质孙宴。为了参加质孙宴，文武百官都对自己的服饰非常讲究，因此都会穿上自己最华丽的衣服前来赴宴。

　　质孙服的形制为上衣连下裳，领形是右衽交领，衣袖的款式比较紧且窄，下裳也比较短，在腰间有无数的襞积，在肩背间贯以大珠。

质孙服原本为戎服，也就是军队中的服装，适合骑射，发展到后来才转变为重要活动、节日、元朝宫廷内大摆筵席时穿的官服。《元史·舆服志》中记载："质孙，汉言一色服也，内廷大宴则服之。冬夏之服不同，然无定制。凡勋戚大臣近侍，赐则服之。下至于乐工卫士，皆有其服。精粗之制，上下之别，虽不同，总谓之'质孙'云。"也就是说，在元朝，勋戚大臣、近侍获得赏赐即可穿着质孙服，乐工、卫士亦可穿着质孙服，只是不同等级的人质孙服的精细粗糙程度不一样。皇帝、大臣、贵族等上层社会的人的质孙服是没有"细摺（zhé）"的腰线袍和直身放摆的直身袍，而像乐工、卫士这些为上层社会服务的人则穿着辫线袍。

质孙服的面料非常讲究，采用的是元代最具特色的纳石失（织金锦）。皇帝和文武百官的质孙服中有七款样式都是以织金锦为主要面料制成的，并且配套的服饰品有更多采用织金锦的。当然，除了织金锦之外，质孙服还有很多种面料，比如怯绵里（剪绒）、粉皮、银鼠、速夫以及各种高档丝绸织品等。

质孙服的搭配，讲究衣、帽、腰带和靴子都相得益彰，不能随意穿着。

《元史·舆服志》记载皇帝的质孙服有冬夏之分，冬天的质孙服有十一等，夏天的有十五等。

《元宵行乐图》中的质孙服

冬天的质孙服有以下十一等：服纳石失、怯绵里，则冠金锦暖帽。服大红、桃红、紫、蓝、绿宝里，则冠七宝重顶冠。服红、黄粉皮，则冠红金答子暖帽。服白粉皮，则冠白金答子暖帽。服银鼠，则冠银鼠暖帽，还要搭配银鼠的比肩。

夏天的质孙服有以下十五等：

服答纳都纳石失（缀大珠于金锦），则冠宝顶金凤钹（bó）笠。

服速不都纳石失（缀小珠于金锦），则冠珠子卷云冠。

服纳石失，亦冠珠子卷云冠。

服大红珠宝里红毛子答纳，则冠珠缘边钹笠。

服白毛子金丝宝里，则冠白藤宝贝帽。

服驼褐毛子，则冠白藤宝贝帽。

服大红绣龙五色罗服，则冠大红金凤顶笠。

服绿绣龙五色罗服，则冠绿金凤顶笠。

服蓝绣龙五色罗服，则冠蓝金凤顶笠。

服银褐绣龙五色罗服，则冠银褐金凤顶笠。

服枣褐绣龙五色罗服，则冠枣褐金凤顶笠。

服金绣龙五色罗服，则冠金凤顶笠。

服金龙青罗服，则冠金凤顶漆纱冠。

服珠子褐七宝珠龙答子服，则冠黄牙忽宝贝珠子带后檐帽。

服青速夫金丝阑子服，则冠七宝漆纱带后檐帽。

至于其他蒙古诸王和朝廷百官的质孙服，冬季有九等定色，夏季有十四等定色，这里就不详述了。

质孙服作为特定场合穿着的特殊服饰成为元代蒙古族宫廷服饰的代表，对后来蒙古族袍服的发展影响很深，并且具有一定的时代特色，为后人留下了许多思考空间。

八、元代服饰之蒙古袍服

说起蒙古，你最先想到的是什么？是蓝天白云、宽广的草原，还是成群的牛羊、扎堆的蒙古包，抑或是香甜的奶酪、筋道的牛肉？我最先想到的是那带着浓浓民族特色的精致蒙古袍，它不仅是民族传统文化的精髓，也是部落文化的印记。

元朝是中国历史上首次由少数民族建立的大一统王朝，由蒙古族统治。逐水草而居的蒙古族有着和中原民族完全不同的生产、生活方式，在这种独具特色的生产、生活方式中产生了他们独特的民族服饰文化。

蒙古人的传统服饰以袍服为主，俗称蒙古袍。在中国古代，由于长期的南征北战、游牧迁徙，蒙古族很早就和北方的各个民族以及中原地区建立了广泛的联系。再加上纺织品传入较早，因此蒙古人一年四季都喜欢穿袍服，春秋穿有夹层的袍，夏天穿单袍，冬天穿皮袍或者棉袍。

蒙古男女不同的袍服在形制上的差别不是很大，有方领、圆领和交领等，一般为右衽，左衽较少，袍服多在侧面开口，用扣子系用。男子的蒙古袍比较肥大，女子的蒙古袍则比较贴身，可以显示出女子身材的曼妙和健美。每逢过节时，蒙古女子还会佩戴玛瑙、珍珠、珊瑚、宝石、金银、玉器等编织的头饰。

袍子的边缘、袖口、领口等位置多用绸缎花边、"盘肠""云卷"图案或虎、豹、水獭、貂鼠等皮毛装饰，既美观又实用。

颜色上，男子蒙古袍以棕色和蓝色为主，女子蒙古袍以红、粉、绿、天蓝等为主。夏天会选择更淡一点儿的颜色，比如浅蓝、乳白、粉红、淡绿等。蒙古人认为乳白色像乳汁一样，是最圣洁的，所以常在庆典或者年节吉日穿着这个颜色；蓝色代表永恒、坚贞和忠诚，是蒙古族的代表色；红色象征着热情、阳光、温暖和愉快，像是太阳和火一样，因此在平时多穿这个颜色；黄色是皇家的专属颜色，除了活佛和受了封赏的贵族，其他人是不能穿黄色的。

蒙古袍的制作材料有很多种，据史料记载："旧以毡、

毳、革，新以苎、丝、金线，色以红、紫、绀、绿，纹以
日、月、龙、凤，无贵贱等差。"蒙古族最初用皮毛作为
制作袍服的材料，后来随着和中原等地区贸易的频繁往
来，棉、麻、丝绸和珍贵的皮毛进入草原地区，成为蒙古
族制作袍服的新材料。衣服材料的丰富给蒙古袍带来了新
的变化，冬季用羊裘作为里子，多用绸、缎、布作面，而
夏季则用布、绸、缎、绢等。

穿着蒙古袍时，需要用红、
紫等颜色的绸缎带紧束腰部，两
端飘挂在腰间。这样骑马放牧
时，冬天可以防寒保暖、保护膝
盖，夜里还可以当被子盖；夏天
可以防蚊虫叮咬，防晒且减少中
暑。束衫的宽大腰带，还可以起
到保持腰肋骨稳定垂直的作用。
男子扎腰带时经常把袍子向上

提，这样束起来方便骑乘，显得极为潇洒；而女子相反，
扎腰带时会将袍子向下拉，显示自己柔美的身段。

蒙古袍作为蒙古族的传统服饰反映了当时蒙古族的风
俗、信仰、审美取向和历史际遇，是蒙古族的象征。随着

时代发展，蒙古人穿传统服饰的机会越来越少，只有在逢年过节、办喜事或者召开大会时穿戴。不过，其浓郁的民族特色一直在中华传统服饰文化中占有特殊地位。

第六章

明清服饰

一、明代官服之补服

在中国古代的各种服饰中，最能表现封建等级制度的要数文武百官的官服了。各级官员的地位等级不同，通常官服上所绣的图案和纹样也各不相同。今天我们就透过这些形形色色的花纹图案来看一看明代的官服。

当我们说起"衣冠禽兽"，大家的第一反应是什么呢？通常我们都会联想到道德败坏、禽兽不如的坏人。但是在中国古代，你骂一个人衣冠禽兽，没准对方还高兴地对你说声"谢谢"，并以此为荣。这是因为"衣冠禽兽"这个词在古代的意思和现在不同，在古代专指达官贵人、朝廷命官。

在封建等级制度森严的古代，服饰并不只有遮羞、保暖等简单的功能，人们赋予了它更多的含义。不同等级地位的官员，在服饰的颜色、款式、质地、配饰等方面都有严格的规定，任何人不能逾越，在中央集权高度集中的明代更是如此。

随着明代"古昔帝王治天下，必定制礼以辨贵贱，明等威""服色不能无异"等政策的影响，明代形成了划分极为细致的官员补服制度。

补服，就是在官服前胸和后背绣有花纹图案的衣服，前后的花纹图案被称为补子，因此这类衣服就被称为补服。补服最早在元代已经出现，在明代正式形成。

明代补服的补子都是以方补的形式出现，制作方法主要采用织锦、刺绣以及缂（kè）丝三种，一般尺寸会比较大，制作十分精良，以素色居多，补子的底色多为红色，在上面用金线盘成各种图案。

在明代，按照规定，文官的官服上一般绣飞禽，意在提醒官员们要像这些飞禽爱惜自己的羽毛一样，爱惜自己的名声，做到为官清廉。武官的官服上一般绣走兽，意在让他们像这些凶猛的走兽一样勇猛向前。文武官员的补服统称为"衣冠禽兽"。

这下大家就知道为什么你骂古人"衣冠禽兽"，他们会那么高兴了吧？在古人眼中能被称为"衣冠禽兽"的人都是达官贵人、朝廷命官，有人这么夸赞他，怎么会不高兴呢？

据《明会典》中载，百官常服所绣花样如下："文官一二品仙鹤锦鸡；三四品孔雀云雁；五品白鹇（xián）；六七品鹭鸶鸂鶒（xī chì）；八九品黄鹂鹌鹑。武官一二品狮子；三四品虎豹；五品熊罴（pí）；六七品彪；八九品犀牛海马。杂职练鹊，风宪官獬豸。"不同的禽兽纹样对应不同的官员等级，将这些禽兽纹样以补子的形式绣在官服之上，就形成了明代极具特色的补服。当然对于禽兽纹样并非一次就定好的，而是经过数

明代官服

次的修订才最终确定下来的。并且按照该规定，官员官服上的补子"上可兼下，而下不可僭越"，可话虽如此，又有哪一个一品大员会在自己的官服上绣一个鹌鹑呢？

除了文武官员之外，明朝初年，战功居伟的功臣也有相应的补服，公爵、侯爵、伯爵、驸马爷等人的补服大多会绣麒麟或者白泽。麒麟是祥瑞，传说麒麟出现就一定会有好事发生，后来麒麟被赋予了更多含义，一些才华出众、德才兼备的人也用麒麟来形容。白泽作为上古时期的五大神兽之一，不但能够口吐人言，还能知晓天下之事，

在传说中地位比麒麟还要高一截，因此用白泽作为补子的图案，可以显示贵人们高人一等的身份。

补服作为官员常服最重要的组成部分，同样存在一些应景的补服，比如在端午会穿绣有五毒艾虎的补服，在七夕会穿绣有牛郎织女的补服，在重阳会穿绣有菊花的补服等。

补服制度从明代一直沿用到了清代，在清代得到了进一步发展。补服制度的确立可以说是将中国古代的封建等级制度推到了巅峰，这不仅是政治形态的体现，也是一个时代服饰工艺和人们精神时尚的证明。

二、明代男子便服的变化

明代是中国织绣工艺水平的顶峰时期，它的服饰艺术在中国服饰史上有着极高的成就。在看过明代各式各样的精致官服之后，我们来看一下同时期男子的便服有哪些，他们的潮流爆款道袍又是什么样子的呢？

便服是人们日常生活中的便装，一般都十分注重舒适性和功能性。比起官服等服饰，便服虽然不是很正式，但在生活中可以让行动更加方便。

明代男子的便服多为袍衫，形制上多为大襟、右衽，袖子比较宽大，长度要超过膝盖。在面料方面，贵族男子的便服可以采用绸缎或者织锦缎制作，上面绣有纹样，而平民百姓的便服不可以用金绣、锦绮、纻丝、绫罗，只能用绸绢、素纱布等材料。

对于袍衫上的纹样，人们大多会采用有吉祥寓意的图案，比较常见的有在团云和蝙蝠中间绣上一个"寿"字，寓意为"五蝠捧寿"。除了这些之外，用实相花纹作为便服的装饰也是当时男子便服的一个特点。通常采用莲花、忍冬或者牡丹花为基础，在此基础上对其进行变形、夸张，然后加上一些枝叶和花苞组合排列之后，形成一种端庄大气又十分活泼的装饰图案，在当时受到人们的热烈追捧。从唐代开始进入服饰图案的宝相花在明代还一度成为皇帝及后宫嫔妃的专用图案，和蟒龙图案一样，民间禁止使用。

除了袍衫之外，明代男子最常见的便服还有"道袍"，当然这种道袍和我们常说的道士服不一样，只是明代士庶男性的常用便服。

道袍又称褶子，也叫海青，是典型的交领右衽领式，领口处缀有白色的护领，不但能保护衣领还很方便拆卸。道袍一般是用带子系而不是用纽扣，大袖收祛，衣身左右开裾而有摆，长度一直到脚面为止，穿着之后显得整个人衣袂飘飘、风流倜傥。制作的材质多为丝、麻、葛和棉等，有单层的和夹里的两种，既能当作外衣，又能当作里面的衬袍。

这种道袍虽然没有胡服贴身方便，但是其收祛和有摆的设计，比之过去的宽大衣袍还是有一定的便利性。道袍的两侧设计内摆，也就是说在开衩的地方增加了不少面料，将其做成折扇一样打褶的样式。这种设计让道袍看起来从腰部往下呈现出微微的伞状，保证了活动方便的同时，人们再也不会因为动作幅度太大而导致里面的衣裤露出来，很符合中国古人含蓄内敛的性格特点。

道袍在明代中后期比较流行，受欢迎的程度堪比现代的潮流爆款。上至皇帝，下至庶民百姓，都会穿着道袍，可谓人手一件，火爆程度可想而知。《云间据目抄》中说："春元必穿大红履。儒童年少者，必穿浅红道袍。上海生员，冬必服绒道袍，暑必用鬃巾、绿伞。"另外《初刻拍案惊奇》里也有描写："头戴一顶前一片后一片的竹简巾儿，旁缝一对左一块右一块的蜜蜡金儿，身上穿一件细领大袖青绒道袍儿，脚下着一双低跟浅面红绫僧鞋儿。"从这些记载中我们不难看出，道袍不但流行，而且色彩艳丽，和我们现代的男子服饰相比也不遑多让。

道袍作为书生的标志，被后世很多人认可。《倩女幽魂》中的宁采臣、《梁祝》中的梁山伯和男装的祝英台、《新白娘子传奇》中的许仙，这些电影或戏剧中的书生形象，其所穿服饰都是从明代的道袍演变来的。

明代男子便服的发展经历了很多阶段，延续了数百年，直到现在还可以看到一些当时的影子。

三、明代女装之凤冠霞帔

在众多中国古典文学作品和电视剧中，我们常能看到古代男女结婚的画面，女子身着凤冠霞帔款款而来，那是多少少女最隐秘的梦想啊——"虹裳霞帔步摇冠，钿璎累累佩珊珊"，今天就让我们一览凤冠霞帔的风华吧。

如果说冕服是中国古代男子服饰等级制度金字塔上的最顶端，那么凤冠霞帔则是与之对应的女子服饰的顶端了。

先说凤冠。凤冠是古代贵族女子所戴的礼帽，因用凤凰作为点缀故称凤冠。作为万鸟之王的凤凰，象征着至高无上的地位，和龙一样，是专属于皇家的吉祥图案，一般只有皇后和公主能够佩戴。当然凤冠的使用也是分场合的，只有在隆重的庆典上才会使用，比如古人结婚的时候。后来随着发展，明清时女子盛饰所用的彩冠也被称为凤冠。

霞帔，也称"霞披"或"披帛"，是古代女子的一种披肩服饰，以其颜色艳丽、形若彩霞而取名"霞帔"。它由披帛发展而来，分为霞帔和直帔两种。

直帔的形制沿袭了唐代披帛的样式，可以随意披挂。

在宋代，霞帔被定为后妃常服及外命妇礼服的配饰，并且"非恩赐不得服"，也就是说除非皇帝恩赐，否则其他人不得随意穿着霞帔。《事林广记·服饰类》中就曾记载："晋永嘉中，制绛晕帔子，令王妃以下通服之。"

《宋史·舆服志》中记载了当时后妃的装扮："大袖，生色领，长裙，霞帔，玉坠子。"也是从这个时期开始，霞帔的形制逐渐成型，用两条罗带拼成"V"字形，穿着时将两边的胸襟绕过两肩，披挂在胸前，然后下端垂到身前，末端相连，并悬挂一枚金玉材质的霞帔坠。悬挂霞帔坠的目的是使女子在行走时，整个霞帔能够自然平整地贴附在衣服上，自上而下垂落，以显示女子端庄优雅、干净整洁的形象。这个时期的霞帔已经失去了它曾经的灵动，而成为彰显地位的工具。

发展到明代，凤冠和霞帔成为命妇们的固定搭配，在颜色、材质、纹样等方面都有了严格的规定。据《明会典》记载，皇后所用的霞帔为黄色，织金云霞龙纹；皇妃的霞帔也是黄色的，但是上面只有织金云霞凤纹；皇太子妃还要再降一等，只有织金纹。由此依次降等，不同等级的命妇穿戴的霞帔有很多差别。

明代官员的补服上有不同的禽兽纹饰，其相应等级的命妇也有对应的霞帔纹样。根据规定，一品、二品夫人可以衣蹙金绣云霞翟纹霞帔，三品、四品夫人衣蹙金绣云霞孔雀纹霞帔，五品夫人衣绣云霞鸳鸯纹霞帔，六品、七品夫人衣绣云霞练鹊纹霞帔，八品、九品夫人衣绣缠枝花纹霞帔。

明代凤冠

说到这里，可能大家会有疑问了，如果凤冠霞帔是命妇的装扮，那么平民女子出嫁时怎么能穿着大红的凤冠霞帔呢？

这就不得不说起一个典故了。据传北宋末年，金兵南下，宋徽宗的儿子康王赵构不敌金兵而弃城南逃。康王逃到西店境内的前金村时，看见路边破庙前晒场的谷箩上坐着一位姑娘。姑娘看见康王逃来，急中生智，让康王躲在谷箩里，帮他逃过一劫。康王绝地逢生，对姑娘自是千恩

万谢，便将自己身上带着的一方红色帕子赠予她。告知了
她身份的同时，承诺明年今日定来娶她。到时候只需要她
在岭上挥动这方帕子，他便能认出她。

康王登基成为南宋的高宗皇帝后，按照约定前去迎娶
姑娘，怎料姑娘舍不得乡亲父老，不愿进宫，但皇命难
违，于是她就准备了很多红帕子，让众多姐妹一同挥动，
使得高宗根本无法辨认，只好放弃。为了报答救命之恩，
高宗下旨，让她们出嫁之时全都穿上霞帔，和宫中后妃享
受同等殊荣。自此女子出嫁都穿着凤冠霞帔，代代相传。

凤冠霞帔是女子最向往的也是最风光的婚服，代表了
她们对美好婚姻的憧憬。一直到现代，有些人结婚时也会
穿着凤冠霞帔，美好的寓意流传至今，成为中华传统服饰
文化的灿烂一笔。

四、清代男装之长袍马褂

　　清代是中国最后一个大一统的封建王朝，由满族人统治，长袍马褂是清代男子服饰最主要的种类。

清王朝在推翻明朝政权之后，开始推行剃发易服。满族的服饰吸收了明代服饰的纹理图案，形成了自己独特的服装样式。

　　长袍马褂作为清代男装最主要的品种，袖子呈现马蹄形，长袍的造型简练，为立领直身的造型，偏向大襟，前后的衣身有接缝，下摆处开衩，有两开衩、四开衩和无开衩几种类型。一般清代皇族为了方便骑射，常会穿着四面开衩的长袍，衣服前后中缝和左右两侧均有开衩的式样，而左右两侧开衩或称"一裹圆"的不开衩长袍则是平民穿着。

　　《红楼梦》第九十四回"宴海棠贾母赏花妖"中有这样一件事：这天，贾宝玉正在家中穿着"一裹圆"的皮袄休息，忽然听到下人说贾母要来了，于是赶忙去换了一件狐腋箭袖的长袍，然后在外面穿了一件玄狐腿外褂。由此我们就能看出这里"一裹圆"的皮袄是休闲时穿的衣服，是不正式的，所以当听闻贾母要来，贾宝玉就必须换掉便装，穿上正式的衣服。

清代男子穿在长袍外面的马褂，长度一般不会超过腰，袖子比较宽，也比较短，只能掩盖手肘，这样方便骑马。马褂有对襟、大襟和缺襟（琵琶襟）之分，对襟马褂多被当作礼服，大襟马褂常被当作常服，穿在长袍的外面，缺襟马褂多数是作为行装穿着。

人们为了追求文雅，时常会对衣服进行装饰，比如在金银牌上垂挂牙签、挖耳勺等数十件小东西，或者佩戴一些古代兵器的小模型，比如戟、枪之类的。这种在衣服上佩挂饰物的行为在清代逐渐成为一种风尚。

马褂还是旗人男子礼服、常服、雨服和行服四种制服之一，属于行服列，从清代康熙年间进入军中。《陔余丛考·马褂》载："凡扈从及出使，皆服短褂、缺襟袍及战裙，短褂亦曰马褂，马上所服也。"

马褂的形制有单层马褂、夹层马褂，以及内里填充棉的马褂等，颜色上一般采用石青、绀色、黑色等比较朴素的颜色，基本上不用亮纱作为原料。清代初期，马褂多采用天蓝色，乾隆年间以玫瑰紫为佳，到了清末，以红色最受欢迎。

在马褂之中最为上等的要数黄马褂了，这是皇帝能给予的最高赏赐，只有四种人可以拥有。

第一种人，就是皇帝出巡时，跟随在身边的御前大臣、内大臣、内廷王大臣、侍卫、仆长等。他们都属于皇帝的心腹，这些人可以穿黄马褂。这种黄马褂是用淡黄色的纱或者绸缎制成的，一般没有花纹，被称为"职任褂子"，也就是说只有在职时可以穿，如果离开职位，不当御前侍卫了，就不可以穿这种黄马褂了。

第二种人，就是在竞技场上进行比武获得胜利的人，还有在每年行围打猎时射猎到珍禽异兽的大臣，这两类人可以穿着黄马褂。在穿着黄马褂时，根据规定，文官用黑色纽襻，武将用黄色纽襻。

第三种人，就是在战争中有功劳的高级武将或者是统领将士的文官。

第四种人，就是朝廷的特使，宣慰中外的官员可以被特赐黄马褂。在赏赐时需要骑马绕着紫禁城走一圈。

由此说来，在清代想要穿上黄马褂可不是件容易的事情。

　　长袍马褂作为清代男子的服装之一，有着非常重要的
地位，随着发展普及，到民国时期逐渐向中山装和西装过
渡，对于后世的服饰发展有着深远影响。

五、清代女装之旗袍

在清代，随着满族人正式入主中原，民族文化得到了充分的交融，服饰上也开始相互借鉴。满族旗袍作为清代最富有民族风情的女子服饰对民国时期的旗袍产生了重要影响。

旗袍在清代是八旗女子的典型服饰，最初被称为"旗人之袍"。其实刚开始是没有旗袍这个说法的，只是非旗人将这种满族旗人穿的传统服饰统称为旗袍，后来这种说法传播开来，旗人便也自称穿的袍、衫等为旗袍了。

关于旗袍的来历还有这样一个传说：相传当年清兵入关，一统天下，旗人的服饰随之传入中原地区。当时有一个叫作黑妞的满族渔女，她的皮肤虽然有点黑，但是很有光泽，不但人长得俏丽，身材也非常棒，被周围的乡民称为"黑里俏"。黑妞为了方便打渔，就将原本的大套"一统江山"裙重新剪裁，制成了比较窄小方便的扣裙。后来，黑妞被选入皇宫，册封为"黑娘娘"，这种由她设计的扣裙也就流传开来，演变成后来的旗袍。

从旗袍的样式看，清代八旗女子所穿的旗袍是直立式的宽襟大袖长袍，腰身比较宽松，袖口也比较大，长度到小腿或脚面。到了清代后期，"元宝领"的使用非常普遍，领子的高度可以盖住脸腮，碰到耳朵。旗袍采用各种色彩和图案的丝绸、花缎、罗纱或棉麻衣料制成，不但样式美观，更是会在袍身绣上各种花纹。衣襟、袖口、领口、下摆处有多重宽阔的滚边。绲边的颜色多样，数量不一，从几道到几十道都有，做工非常精细。

手艺了得的人甚至可以将整个旗袍绣成一组图案。慈禧太后流传到后世的一张照片中，她扮成观音菩萨的样子，就穿了一件工艺精湛的旗袍。上面镶滚嵌烫绣贴盘钉等工艺样样齐全，足以看出当时旗袍装饰的烦琐和手工艺术登峰造极的境界。

从旗袍的颜色来看，清代的旗袍大多色彩鲜艳复杂，花色品种多样，常用对比度较高的色彩进行搭配。王公贵族女子的旗袍用色以明朗、强烈、艳丽为主。黄色作为皇家的专属颜色，民间不能使用。和贵族阶级相反的是，平民百姓的旗袍多选用比较灰暗的颜色。

从旗袍的图案上来看，清代旗袍的纹样以写生手法为主，常用的题材多样。从凶猛的龙、狮、麒麟等百兽，到鲜艳高贵的凤凰、仙鹤等百鸟，再到清新淡雅的梅兰竹菊等百花，都是清代旗袍常用的花纹图案。除此之外，在节庆或者有喜事的日子，人们还会将一些神仙或者有美好寓意的图案绣在上面，比如八仙、八宝、福禄寿等。

旗袍作为清代封建王朝的代表性服饰，自然也不能免于成为身份地位的象征。为了彰显不同于其他人的显赫身份和地位，一件最隆重的旗袍绣花面积可占到70%，其花纹之复杂，制作之精细，对工艺的要求极高。

作为身份和地位的象征，即便是在宫里，旗袍也不是谁都能穿的。一般只有皇太后、妃子以及格格和身边的贴身丫鬟才能穿，其他人只能穿戴短袄长裤。宫廷旗袍按官品等级不同选择面料，如缎、绡、绸、纱及剪绒织物等，不同等级选择的面料不同。

民间普通老百姓穿的旗袍没有身份地位的区别，只是由于经济水平不同，所能穿着的旗袍必然会在面料、款式上有所不同，富裕的人家必然会更加讲究。

清初旗袍的袖式多为马蹄袖，亦称箭袖。清朝中后期的便服多为平袖，礼服仍为马蹄袖，平时穿着时大多将袖子卷起。在喜庆节日、叩见长辈时，常需要先左后右地放下马蹄袖，才可以行拜见礼。

清代后期旗袍在图案、用料等方面发生了一系列的变化，由最初的注重实用性逐渐向华丽繁冗转变。作为中华民族传统服饰文化中的一颗明珠，值得我们了解和继承。